石垣島自然誌

安間繁樹

晶文社

装幀　本山木犀

石垣島自然誌　目次

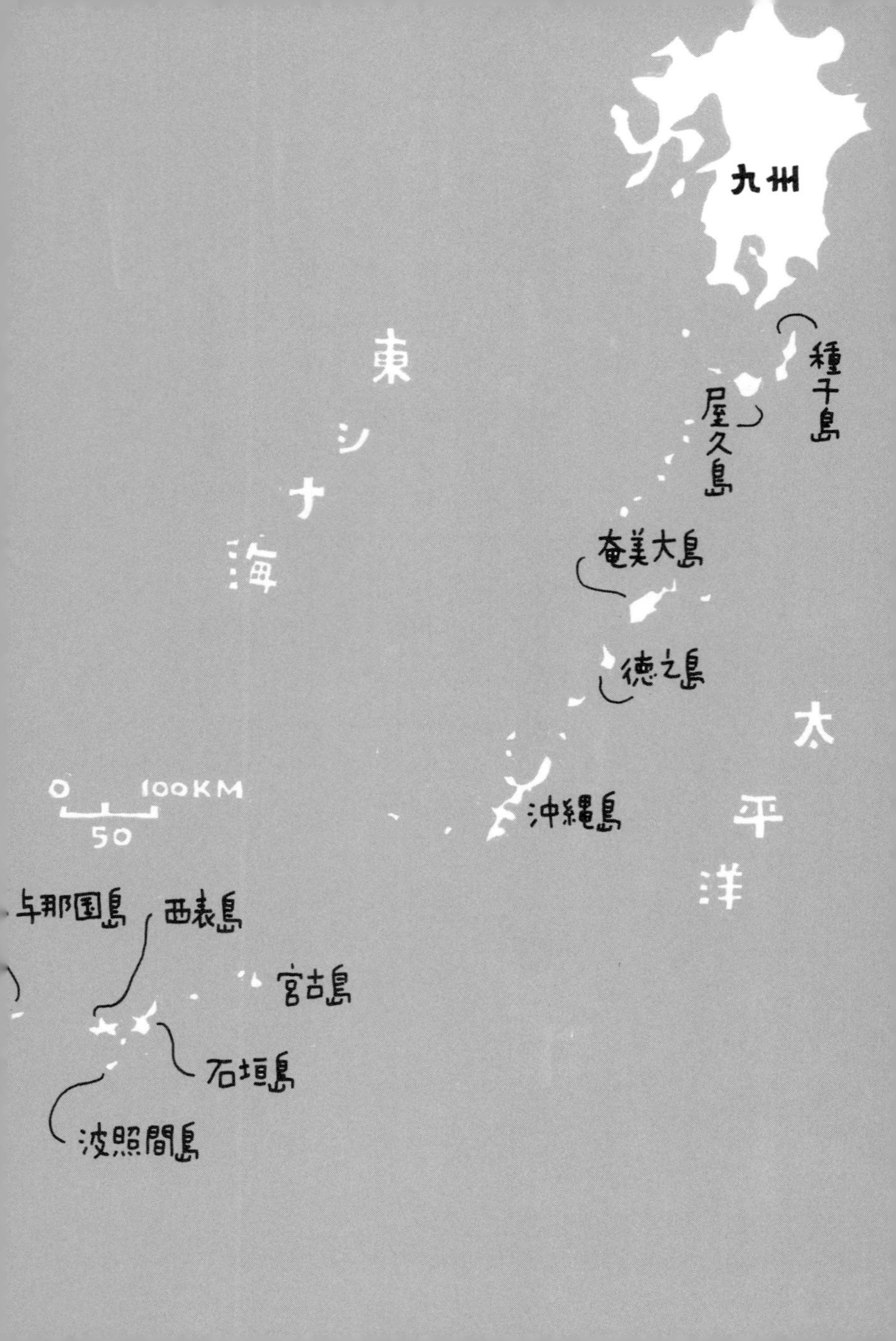
九州
種子島
屋久島
東シナ海
奄美大島
徳之島
太平洋
沖縄島
0 100KM
50
与那国島
西表島
宮古島
石垣島
波照間島

平久保崎
安良岳
東シナ海
川平石崎
御神崎
野底崎
伊原間
玉取崎
川平
崎枝湾
吉原
米原
星野
太平洋
崎枝校区
屋良部崎
於茂登岳
名蔵湾
名蔵
バンナ岳
川良山
富崎
宮良
白保
喜原
大浜
北
石垣四箇
0 2KM
竹富島
石垣島

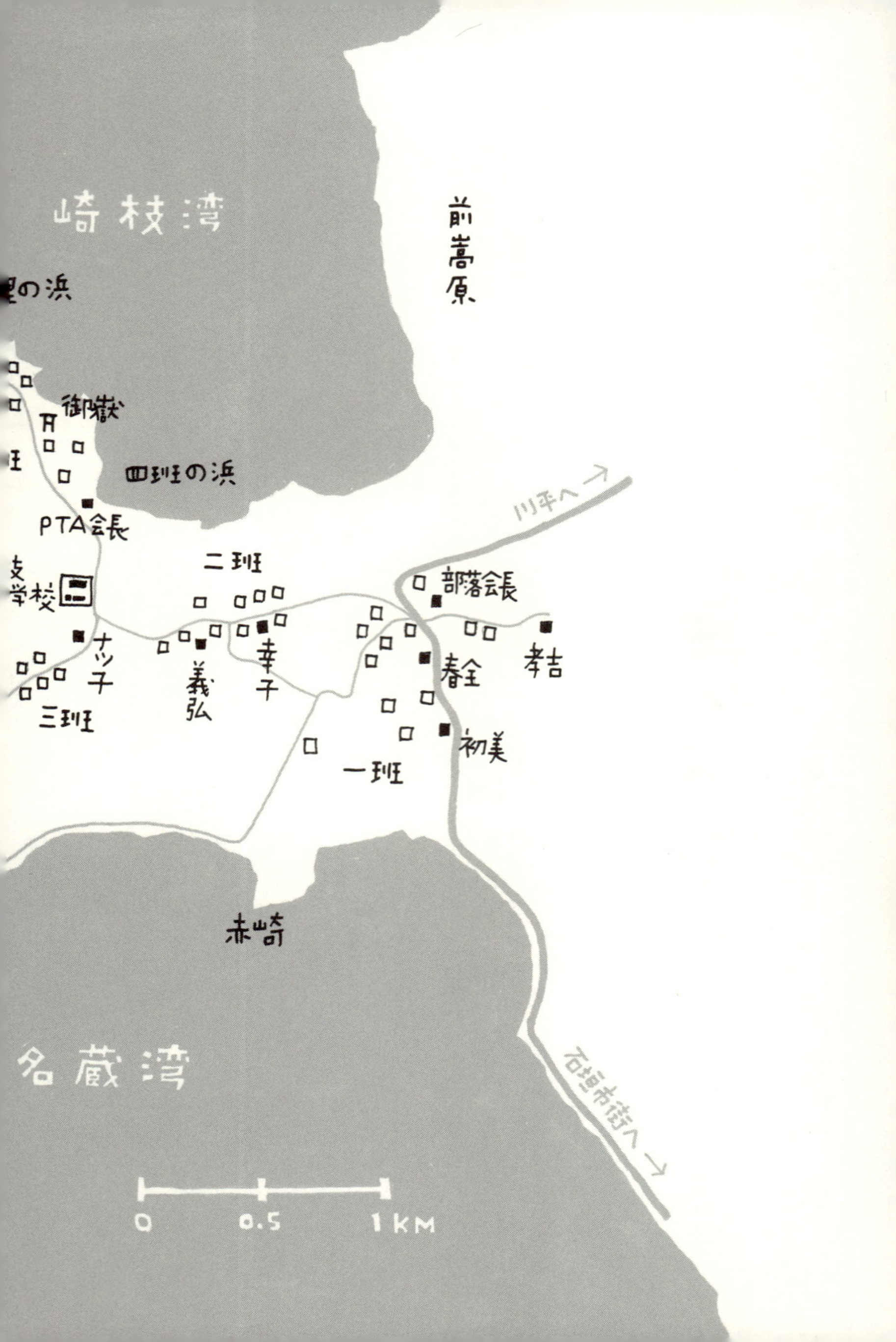
崎枝湾
前嵩原
御嶽
四班の浜
PTA会長
二班
部落会長
川平へ→
ナツ子
義弘
幸子
春全
孝吉
初美
三班
一班
赤崎
名蔵湾
石垣市街へ→
0
0.5
1KM

崎枝校区（1970）

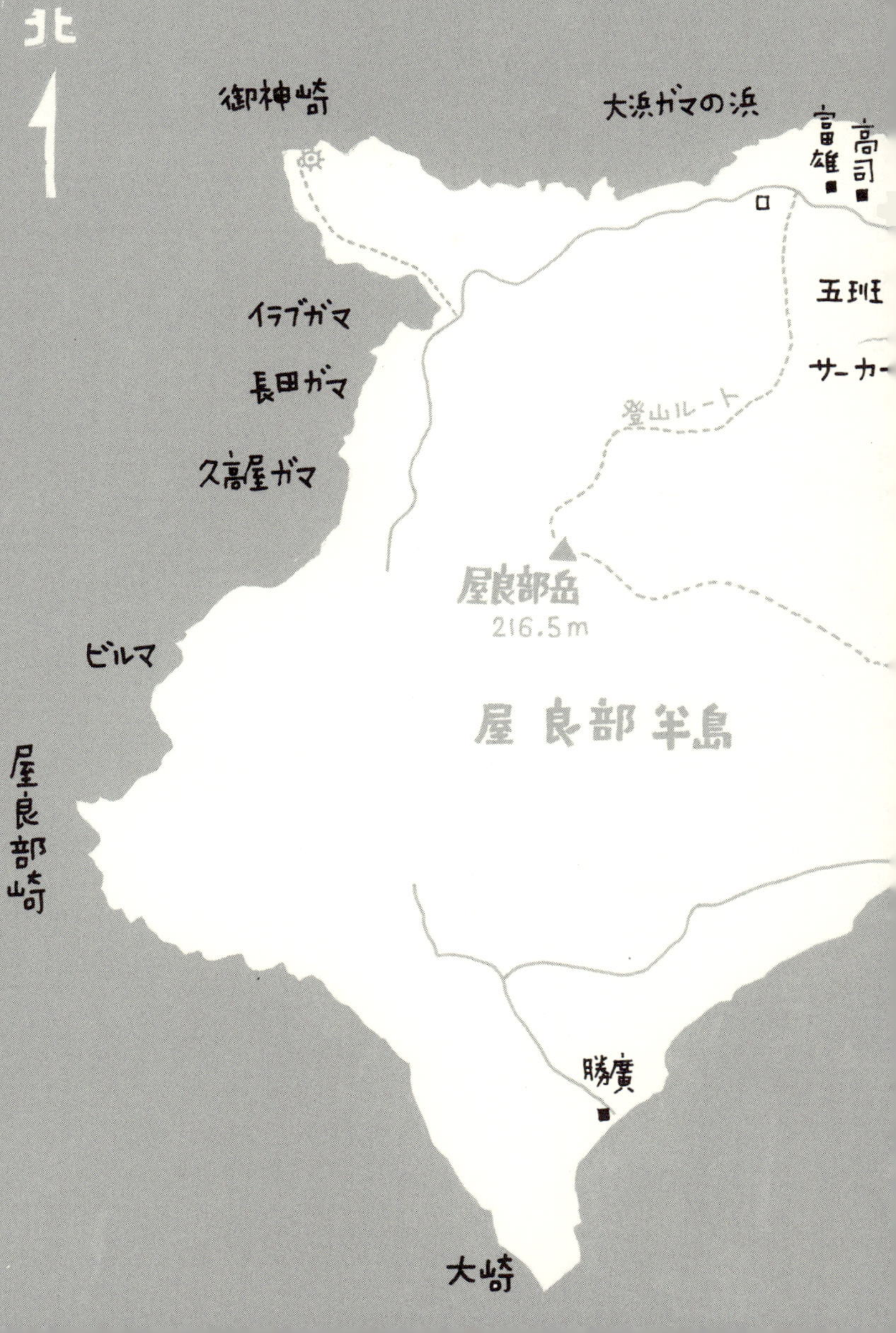
北
御神崎
大浜ガマの浜
富雄
高司
五班
サーカー
登山ルート
イラブガマ
長田ガマ
久高屋ガマ
屋良部岳
216.5m
ビルマ
屋良部半島
屋良部崎
勝廣
大崎

本文写真撮影　著者

1　春、うりずんの頃

石垣島崎枝《さきえだ》中学校に赴任する

あれから三六年が経つ。当時、私は石垣島の小さな中学校で教員をしていた。他人から見たら、私の授業は遊びでしかなかった。ところが、同じようなことが、今では「総合的な学習」とか呼ばれて多くの小中学校の教育手法になっている。学校教育も時代とともに変わるものなのだろう。もう時効だから白状する。私に教師としての自覚や信念があったわけではない。新米だから、技術的にも未熟だった。

「お前ら勝手にやれ。俺は俺で生きる」。さすが、そこまでは言わなかった。しかし、私のいちばんの目的は、かけがえのない八重山《やえやま》の自然に浸かり、その自然の魅力を探求したいということだった。

「うりずん」とは春を意味する八重山の言葉だ。例年一一月末から四ヶ月もの間、北東の季節風が続く。風は来る日も来る日も雨を降らせ、いっこうに青空の出る気配がない。ふだんは陽気で外出好きな島人でさえ、とかく家にこもったまま、気持ちもふさぎがちになってしまう。

この季節風の期間が、八重山地方の冬である。冬は、同時にサトウキビの収穫期でもある。農家の人たちは早朝から夕方遅くまで畑に繰り出す。学校のない日は、子どもたちも全員、収穫を手伝う。

サトウキビを、八重山では「スッツァ」、あるいは単に「キビ」と呼んでいる。キビ刈りはユイマーレという共同作業で行われる。今日は誰それの畑、明日は自分の畑というように予定を組み、それを淡々とこなしていく。切り倒したサトウキビは、その場で長い葉を削ぎ落とし、農道まで担ぎ出される。そして、速やかに製糖工場へ運ばれる。遅れると糖度が下がり、砂糖の品質が落ちてしまう。

サトウキビは例年一〇月から一二月に植え付けする。収穫は一四ヶ月後、すなわち翌年一二月初旬からだ。収穫は四ヶ月間、豊作の年は五ヶ月間も続く。その年が豊作になるかどうかは、糖度を増す七月から一〇月に、台風に見舞われなかったかどうかに掛かっている。

三月中旬。相も変わらず雨混じりの天候だ。しかし、キビ刈りも八割がた終わり、終了日のメドがついてくる。心なし風が和らぎ、ホッとした気持ちから、にわかに周囲に目が行くようになる。

「おや、いつのまに……」。デイゴが、もう三分咲きになっている。キビ刈りに出た頃は、まだつぼみもなかった。

収穫が済むと、畑は広大な空き地に変わった。展望が開け、近くの丘や遠くの山並み、ポッンポッンと点在する島々まで隈無く眺めることが出来た。

シャリンバイが満開である。山裾はまっ白に化粧し、それが岬の崖の上にまで続いている。そう言えば、牧場の脇ではテッポウユリが咲いていた。

数日後、季節風が止み、雲一つない青空からは、射るような太陽が照りつける。そんな日は突然やって来るが、太陽もぎらぎらしたものでなく、どこかやわらかい。そして、からだを動かせばじわりと汗がにじむような日。むずむずするような、わくわくするような、誰もが恋をしたくなるような、そんな、何とも形容しがたい「潤い初め（うるおいぞめ）」の季節が「うりずん」である。

一九七〇年、石垣島。うりずんの頃が過ぎ、夏になろうとする五月一日。私は四箇《しか》にある下宿先を午前八時に出て、桃林寺《とうりんじ》前のバス停へ向かった。数日前、勤務する学校が決まり、この日が初登校である。八重山教育庁で辞令を受けた日、偶然にも校長が来ておられた。最初のあいさつを交わしたが、その際、五月一日、学校へ来るようにと言われた。

四箇とは石垣市の登野城《とのしろ》、大川、石垣、新川《あらかわ》の四つの字《あざ》を指し、石垣旧市街のことだ。

私が勤務する崎枝《さきえだ》中学校は、石垣島一周道路を一六キロ行った屋良部《やらぶ》半島にある。ただ、崎枝のバス停を降りてから、さらに二キロばかり歩かなければならない。四箇以外は、まったく舗装道路のない時代である。崎枝まで、バスで三〇分を要した。

バスをおりると、私は前にある売店に寄って学校への道を尋ねた。何年か前、御神崎《おがんざき》へ行く時、学校の脇を通っているはずだ。ただ、間違いのないよう確認したかったのである。

「ほら、左への道が見えるでしょう。三〇分くらいでしょう。一本道ですよ」。記憶は間違いなかった。

バス道路から分かれた道は、車がやっと通れる農道だ。緩やかな上りになっている。両側の、背の低いリュウキュウマツの向こう側には、パイナップル畑が広がっていた。クバ笠にほおかむり、長袖の野良着の人が草取りをしている。私が受け持つことになる生徒の親かも知れない。

ススキの中から、「ジーッ」というすさまじい音が聞こえてくる。しかも、道沿いにずっと続いているのだ。足を止めて目をこらすと、細い葉にパラパラと、大きなハエのような虫がたかっている。それが、声の主であった。イワサキクサゼミだ。夏の到来を告げる一番ゼミで、三月末に現れて、四月が最盛期となる。そして、五月に入ると少なくなり、真夏にはまったく見ることができない。

坂を上り切ると、ふと、涼しさを感じた。海からの風だ。歩いて間もないのに、すでに、じっとりと汗がにじみ出ている。

ここは、丘陵の背になっている。道の右側、すなわち北側には淡い青色の湾が広がる。その向

イワサキクサゼミ

こうには、淡い緑色の半島が沖へ向かって伸びている。女性の胸のような、ふっくらとした丘が二つ三つ。川平《かびら》半島である。さらに向こうには、石垣島の北部へつながる山脈が見えている。一番北の平久保《ひらくぼ》半島まではっきり確認することが出来る。今日は特別な、限りなく晴れ渡った日だ。

左側に目を移す。同じような斜面が海に下っていて、先端が大きな湾に滑り込んでいた。今しがた、バスで海岸線を大きくまわって来た名蔵《なぐら》湾である。

なんとのどかな光景だろう。畑中の小道を歩いていると、初めて職に就くという緊張感など、みじんも感じられない。仕事に就くことで、生活しながら西表《いりおもて》島の研究ができそうだ。それは、ずっと夢見てきたことだ。そのために、ここまでやって来たのではないか。私は、新しいものに思い切り期待して足を速めた。

下り道になったが、じきに、緩やかな上りに戻った。数軒の人家が並んでいる。戸は開け放しだが、人の気配がない。畑に出ているのだろうか。

正面に山がぐんぐんと迫ってくる。山麓に、ぽつんと白い大きな建物が見える。あれが、学校かも知れない。そうだとしたら、凄いことになりそうだ。後ろが山だし、海も近い。北へ下っても南へ下っても、すぐ海岸だ。学校の周囲は畑と原野。近くに人家はない。

今日の天候も手伝ってか、周囲の風景が輝いて見える。こんなに美しいところは、「八重山広し」と言っても、そんなにあるものではない。私は、理想郷に来たような心地で、一人興奮していた。

「どんな生徒たちかな。期待しすぎると、後でがっかりするぞ」。舞い上がる心を押さえて、自

学校への道。手前が石垣島一周道路。学校は中央奥の丘陵にある。

問した。しかし、これだけの環境なら、もう十分に満足だ。生徒とは、どのようにでもなる。何の不安もない。本当のところ、これから会う職員や生徒たちのことは、考えてもいない。本当に困った教師なのである。

白い建物は、やはり学校だった。校門には「崎枝小中学校」と書いてある。私が目指す学校である。私は門前で立ち止まり、大きく深呼吸した。そして一瞬息を止めた後、ゆっくりと吐き出した。

「さあ、新しい出発だ」。私は心なし胸を張って、始めの一歩を踏み出した。

門を入ると、学校の隅々まで見渡すことが出来た。運動場は広く、幅五〇メートル、奥行き一〇〇メートルを超えていた。門の両側にブロック塀がある。右の塀は長く伸び、校舎をぐるりと巡り、学校と道を隔てていた。左の塀は僅かに正面にあるだけだ。隣り合わせのパイナップル畑との間には、柵も塀もなかった。運動場を挟んで、二つの校舎がある。一方が小学校、もう一方が中学校らしい。

職員室はどこだろう。そう思って見渡すと、塀に女生徒が腰掛けている。女生徒は三人。制服を着ているから中学生だろう。

「職員室はどこなの?」私はごく普通に尋ねた。これからの生徒に、かしこまった言葉はおかしかった。

「あそこ」。「新しく来たん?」。「郵便屋さん?」。「オートバイはどうしたん?」。三人が立て続

崎枝小中学校。左手奥が崎枝湾。

けにしゃべる。一瞬、私は何のことか理解出来なかった。どうやら三人は、私を新しい郵便配達と思ったらしかった。

「馬鹿野郎が、この暑いのに背広にネクタイをしめて、しかも歩いて、何で郵便屋が来るのか」。ひとこと言ってやりたかった。彼女たちは、大きな肩掛けカバンを見て、郵便配達に間違えたらしいのだ。当時、ズックの肩掛けカバンは、普通に使われていた。もっとも、これは内地の若者のことで、テレビもない八重山では、誰も知らなかったのである。

晴れの門出というのに、とんだケチがついてしまった。それにしても、他の生徒はどこにいるのだろう。授業はすでに始まっているはずだ。何故、この連中だけ、ここにいるのだろう。おおかたさぼっているのか、迷惑をかけて、追い出されたのかも知れない。きっとそうだ。そんな顔つきをしている。

だが、そんなことはどうでも良い。一人は大柄で顔も大きい。一人は小柄だが、色白の整った顔。それにしても、三人が三人、澄んだきれいな瞳をしている。キラキラ輝いている。まったく、何も勉強せずに育ったのだろう。おやおや、最初からそれはかわいそうだ。きっと素敵な海を見て育ったのに違いない。そう思ってあげることにしよう。

職員室は事務所を兼ねており、教頭だけがいた。隣接した開け放しの部屋が校長室で、先日、教育庁でお会いした伊良《いら》皆高成《みなこうせい》校長が座っていた。

「よろしくね」。あいさつと言うか、校長は気さくに声をかけてくれ、教頭を紹介した。成底方《なりそこほう》新《しん》先生である。

「休み時間に招集をかけるから」と言って、それまでの一〇分間、二人は学校の概要を話してくれた。

崎枝小中学校は生徒数一〇〇名。そのうち中学生が三七名。授業は小中学校、それぞれ独自に行っているが、創立記念式典、運動会、学芸会などは合同で行われる。職員は校長が小中学校兼務。教頭は小学校の所属。小学校は二学年ごとの複式で、それぞれに一名、合わせて三名の女性教諭がいる。

中学校は一学年を一人が受け持ち、男性教諭二名、女性教諭一名、合わせて三名。それにクラスを持たない理科担当の教諭。計四名である。すなわち、崎枝小中学校は九名の教職員。職員は、朝の会議まで一緒だが、それ以降、会うことはない。

他に、用務員二名がいた。主な仕事は給食の準備。当時、石垣島ではどこの中学校も給食がなく、月曜日から金曜日は、各自弁当を持参した。ところが、崎枝校は、創立一〇年と新しい学校だが、何年も前から給食がある。

実は、これにはわけがある。崎枝も当初は弁当制だった。ところが、昼時間になると、校庭に出たり木陰でごろ寝をする生徒がいるのだ。事情を察した学校が公民会と話し合い、給食を取り入れるようにした。崎枝は戦後の開拓村である。中には弁当を準備できない家もあったのだ。

学級担任でない理科教員というのが、私である。本当は専属教師がいる。ただ、普段から病弱で、今も七月末まで療養中だ。すなわち、私は代用教員。補充教員とも呼ばれるが、そんな身分で崎枝中学校へ来たのである。しかし、それは隠すことではなかったし、恥ずかしいことでもなかった。

私は大学時代、卒業後は八重山で教員をしながら、西表島の生き物を研究したいと思っていた。そこで、沖縄県の教員採用試験を受け、首尾良く合格した。ところが、本籍移転などの手続きに手間取り、三月末までに赴任先が決まらなかった。そこで、卒業後の四月中旬、とりあえず石垣島へ渡り、勤務先が決まるのを待っていた。

四月の終わりに呼び出しを受けて、教育庁へ出向いた。面接で、「学校が二つある。好きな方を選びなさい」と言われた。一つは離島の黒島《くろしま》中学校。もう一つは石垣島の崎枝中学校。ただし、黒島は本採用だが、崎枝は七月末までの臨時採用だと言われた。

「崎枝をお願いします」。私は即答した。その日、私は教育庁へ向かう道すがら、「西表島か石垣島以外だったら断ろう」と心に決めていた。私は西表島の生き物を研究したいのだ。職場が西表島なら、望み通りである。しかし、石垣島であっても、西表島の研究は出来るだろう。石垣島は、島の生い立ちや地質から見て、西表島と共通する要素が多い。照葉樹林もマングローブもある。ヘビ、トカゲ、カエル、昆虫類も極めて豊富だ。だから、石垣島での研究は、西表島を理解することに通じるはずだ。ふだんはここで調査を続け、休みのたびに西表島へ通えば良いのである。

「でも、崎枝は三ヶ月だけだよ」。教育長は、何で悪い条件のほうを選ぶのかと、いぶかしげに言った。確かに、普通なら本採用が良いに違いない。

西表島が出なかったことは仕方ない。だが、黒島が挙がるのは予想外だった。海に関心があるなら黒島も良いだろう。黒島は、石垣島と西表島の間に広がる石西《せきせい》サンゴ海の真っ只中に位置している。面積あたりのサンゴの種類が世界一だと言われる海だ。魚や貝も極めて多い。ところが、黒島はサンゴ礁から出来た島だ。照葉樹林やマングローブがないし、陸の生物がほとんど見られない。私にとって、魅力がある島ではないのだ。それだけではない。黒島は西表島の近くにあるが、定期船がないから、頻繁に西表島へ渡ることが出来ない。西表島へは、一旦、石垣島に戻って船を乗り換えるか、高い金を出して、特別に傭船しなければならない。

私は西表島と関わって行きたいのだ。だから、わざわざ八重山まで来たのだ。教職そのものが目的ならば、東京でも郷里の静岡でも良かったはずだ。

「三ヶ月だけ」という条件に、不安はなかった。仕事がなくなったら、貯金しておいた給料で西表島へ行っても良いし、その頃には、次の仕事も出るだろう。あるいは、「西表島へ行け」なんていう吉報が舞い込んで来るかも知れない。「結構です。ぜひ、崎枝をお願いします」。私は、きっぱりと返事をした。

その時である。隣室から、色黒で恰幅の良い人が出てきた。

「安間君、よろしく。教育長から聞いてね、何が何でも引っ張るつもりで来たよ」。その人は、そう言って喜んでくれた。崎枝小中学校の伊良皆高成校長だったのである。

私は、「この人の下なら、精一杯やれる」。そう感じた。話し合いの席、校長の言葉には師範学校を出た文武両道の実力と、愛情に満ちた人柄がにじみ出ていた。

私は、校長とは偶然の出会いだと思っていた。しかし、そうではなかったようだ。校長は、理科担当が病休に入り思案に暮れていた。そうかと言って、補充は誰でも良いとは考えなかった。理科を専攻した教員が欲しい。それで、やむを得ず空席のまま新学期をスタートさせた。

四月末、「理科教員が来る」と、教育長から聞いた。校長は、「是が非でも崎枝へ」と、この日、教育庁に出向いたそうだ。隣室で控えていたら、「崎枝を」と聞こえたから、思わず席を立ち、面接室へ入ったのである。

研究と言っても、私は大学を出たばかりだ。研究だけで一人前になれるはずがない。悔いのない毎日を送る覚悟だが、もちろん、教師という職業にも関心はあった。

「限られた期間だが、頑張っていこう」。私は、秘めたる決意を内に燃やしていた。

休み時間になった。教員と用務員が集まり、私は全員に紹介された。その頃には、生徒も校庭に集まって、すでに整列していた。それにしても一〇〇名という数は、本当に少ない。仮に一〇名ずつ並んだら、たった一〇列だ。実際は、各学年、男女に分かれるから一八列。なかには一人だけの列もある。しかも、生徒の六割が、まだ体も小さな小学生なのだ。

しかし、皆、日焼けして真っ黒な顔。健康そのものだ。緊張した生徒もいれば、いたずらだけが楽しみという顔もある。だが、海にも山にも詳しそうだ。遊びが得意なんだろう。「これから、毎日を一緒に過ごすのだ」と思ったら、私はとても楽しくなった。

「二十四の瞳」ではないが、崎枝のほうが岬の分教場よりずっと大きい。私は、数ヶ月を大いに期待し、崎枝に配属されたことに満足した。

ところが、生徒との最初の出会い。ちょっとした儀式になるはずだったが、自己紹介で、自分の姓を間違えてしまった。決して、上がっていたのではない。考えたあげくなのだ。これには訳があるが、それについては、また、話す機会もあるだろう。

集会はじきに終わり、私は職員と一緒に職員室へ戻った。

「通勤はどうするかね」。校長に聞かれた。

「バスを使います」。そう答えると、「ただ、本数が少ないからね。あるいは、こうしたらどうかなあ」と、校長は続けた。「自分や女性教師と同様、男性教員の車に便乗させてもらう方法がある」。

もちろん、それはありがたいことだ。しかし、私は結構、人のことに気を使う性分だ。どうしたものか返答しかねていると、校長はさらに続けて、「君、オートバイ乗るかね」と尋ねてきた。

「はい」と、私は答えた。

「だったら、こうしよう。管理をまかせるから、通勤に使いなさい」。校長はそう言って、クワデサーの木の下に止めたバイクを指さした。連絡用にと、教育委員会から貸与されているそうだ。普段は、用務員が、ちょっとした用事のとき使っているらしい。もっとも、二人とも無免許だから、校長は、私にあずけることで、無免許黙認から解放されたい気持ちがあったようだ。

こうして、長かった初出勤の一日が終わった。翌、五月二日は土曜日で半日の勤務。中学校の職員だけで話し合いを持った。私が受け持つ授業科目やクラブ活動の決定。三年生徒については生徒会役員の名前と仕事内容について説明があった。夜は私の歓迎会があり、二次会はボーリング場へ行った。ボーリングは、最もハイカラで唯一の娯楽だった。

五月三日は憲法記念日。日曜日と重なったため、四日が振り替え休日。さらに五日はこどもの日。出勤そうそう三連休である。もちろん、このすべてを、私は西表島で過ごした。


崎枝は縦長の三角形をした石垣島から、さらに西へ突き出た屋良部半島にある。とりわけ風光明媚で、海も山も八重山の極みを凝縮させたような所だ。

学校区は屋良部半島全域と、その基部にあたる石垣島一周道路沿いを含んでいる。私が在職した当時は、農業開拓に燃えた若い活気のある村だった。

学校は半島の中央、屋良部岳から東へ延びる稜線の丘陵部にあった。北を見ると足下に海。海岸は右手から大きく湾をえぐり、正面で左側へ移り、東シナ海へ伸びている。そこが川平半島。突き出た先端が川平石崎。形のよい丘がぽつんぽつんとある。「女生徒のオッパイみたいなあ」と言うのが、おませなNの口癖だった。

屋良部半島と川平半島に挟まれた海が崎枝湾。一番奥が底地《すくじ》海岸。今では日本一早い海開きで知られる観光地だ。東の遙か向こうには、於茂登《おもと》岳が見えた。標高五二六メートル。沖縄県の最高峰である。

南には名蔵湾がある。石垣島一番の広い湾だ。正面の山がバンナ岳。石垣市街は山に隠れて、ここからは見えない。バンナ岳の肩、峠になった所を特に川良《かわら》山と呼んでいる。教員時代、私は石垣市街に下宿していた。毎日川良山を越え、一六キロの道をバイクで通勤した。

遠足、大濱長照さんのこと

五月六日。まだ授業もしていないのに、生徒と過ごす最初の日が遠足だった。目的地は御神崎《おがんざき》。屋良部半島の一番奥にある、東シナ海に突き出た岬だ。

学校を発って、最後の人家を通過すると、広い斜面の中腹に出た。道は、だらだらと上りながら斜面を横切って西へ向かう。緩い斜面にはサトウキビが植えられているが、まだ一メートルの丈しかない。畑中を別の集団が海へ下っている。一足先に学校を出た小学生である。小学生の目的地は、すぐ下の大浜ガマの浜だ。

崎枝地区は五班の隣組から成っている。バス通りに面した一角が一班。途中二班を経て、学校周辺が三班。その先が四班、五班。御神崎への道は、五班を抜け、しばらくサトウキビ畑の中を進む。畑が終わると狭い峠になり、その先は緩やかな下り道。どん詰まりが西側の海岸である。車の道は、ここまでだ。御神崎へは、林の中の小道を、さらに三〇〇メートル歩く。

御神崎への道は、生徒にとって庭と同じだ。我々教員は、最後尾について歩いた。

「安間さん、御神崎は初めてでしょう?」。同僚の下野《しもの》英相《えいそう》さんが声を掛けてきた。

「いえ、二年前に一度来ています」。

「珍しいですね。石垣島の人もめったに来ない所ですよ」。その通りである。御神崎は一周道路からはずれ、歩くとなるとバス停から一時間半を要する。当時はぬかるみと岩だらけの悪路、おまけにちょっとした峠越えがあり、車で入り込みたくない道だった。

「実は石垣に知人がいまして、その息子さんが案内してくれました。当時、高校三年生でした。オートバイで島を一周しましたよ。最初に寄ったのが御神崎でした」。

そんな話をしながら、私は、オートバイを押して歩いた日のことを思い出していた。まさか、御神崎のある崎枝に勤めるとは、当時は思いもよらなかった。何か深い縁を感じる。


下野さんに話した知人との出会いは、さらに一年前、一九六七年だった。その年、三度目の八重山から沖縄へ戻る時のことだ。船は「八汐丸」という小さな貨客船。私は蒸し暑い客室よりましだと、甲板で寝ることに決めた。

油くさい階段を上りきると、民謡「ツンダラ節」が聞こえてきた。「おや、どこからだろう」。私は沖縄のものならば、何にでも関心を持っていた。

慣れない目で薄明かりの中を探すと、風を避けるように一角にゴザが敷かれ、五、六人が車座になっていた。三線《さんしん》の音はそこからだった。真ん中には三合びんが数本、蓋が開いた重箱にはかまぼこや玉子焼き、魚のてんぷらが並んでいた。三線とは沖縄の三味線のことで、ニシキヘビの皮を張ってあるので蛇皮線と呼ばれることもある。

「聴かせてもらえますか」。

御神崎

「さあ、座りなさい」。あいさつも済まぬうちに茶碗を持たされた。すでに泡盛が注がれている。しばらくは、三線と歌が続いた。

そのうち、私が本土からの旅行者と知ると、「『八重山育ち』だよ。歌の中で島巡りをやるんだ。」などと、解説まで加えるようになった。それまで、私のことはどこか離島の人間だと思っていたようだ。

三線が一番上手だった人、その人は大濱長章《おおはまちょうしょう》さんという名前だった。

「兄ちゃん」。大濱さんは、私をそう呼んだ。

「内地の学生さんだってねえ。わしには高二の息子がいるんだが、友達になってくれんかね」。夜もだいぶ更けて、大方の仲間が酔いつぶれてしまった頃、大濱さんはポツリ、ポツリと話し出した。

「期待しているんだよ、息子には。自分は百姓で終わるけどさ、息子にはね、人様の役に立って欲しいんだ。人に好かれるようになって欲しいね……。どんな仕事でもいいさ。やさしい大人にね……」。大濱さんは同じような言葉を何度も何度も繰り返していた。

「もちろんですよ。ぜひお付き合いさせてください」。私が答えると、大濱さんは大きくうなずいたまま、ころがるように寝入ってしまった。

一九六八年。四度目に八重山を訪ねた時、大濱さんから、息子さんを紹介された。

「只者ではないぞ」。一目見て、私はそう読んだ。深い洞察力を感じさせる目。張り出したあごと太いまつ毛は強い意志の表れに見える。見方を変えれば、一見不器用にも思える。しかし、そこには親ゆずりの限りないやさしさがにじみ出ていた。彼がかもし出す雰囲気は、父親の期待に十分応えられる頼もしいものだった。そして、それは私にとっても素晴らしい出会いだった。

その夏、彼は何日かに渡り石垣島を案内してくれた。当時は人も行かない穴場ばかりだった。その一つが御神崎であった。

御神崎では先端の断崖に立った。ドーンという音がして、足下で白波が砕け散った。強い潮風に当たると、大海原へ向かう船の舳先に立った気分だ。得体の知れない力が体中にみなぎるのを感じる。

近年、石垣島や西表島に自殺目的でやってくる人が結構いる。ほとんど新聞に載らないが、八重山に滞在していると、そんな情報がたまに入ってくる。「美しい南の島で死にたい」。そんな願望からだろう。交通の便利さもあって、快適な旅が出来る現在ならではの傾向だ。昔はそのようなことはほとんどなかった。

死に場所を求めて行く過程で、さまざまな困難がある。御神崎まで悪路をたどる。暑い日差しにさらされる。一雨来れば足下はさらに不安になる。身投げをしようと岩を登る。指の先まで神経と力が行き渡る。喘ぎあえぎ登る。息が切れる。汗が流れる。

多分、その間に目覚めるのだろう。死にたいと思っている時、ヒトは汗をかくことの快感を忘れているのではないだろうか。それを思い出したら、死ねないのである。熱帯、亜熱帯が持つ懐の大きさとは、案外そんなところなのかも知れない。特に御神崎は、ヒトがもともと持っているパワーをよみがえらせてくれる力がある場所だと感じる。

大濱さんの息子さんとは、その後も文通が続いた。高校を卒業し内地へ出てきた後は、たまに会う機会もあった。大学卒業後、彼が医者になり沖縄島金武《きん》町の病院に勤めたことや、その後、八重山病院へ移ったことも人から聞いて知っている。以来、お父様が亡くなられ、焼香にうかがった折、自宅で一度会っただけだ。それも、私がねぐらの定まらない旅人だからである。

その後、私は石垣島から家内をもらった。そして、東京にいたある日、義母から電話が入った。「主人（私の義父）が健康診断と再検査でひっかかった。胸に影がある」と言うのだ。本人抜きの親族会議が開かれたが、「あの頑丈な人に病気などありえない」とか、「人をガン呼ばわりして、けしからん医者だ」という意見まで出て、当面ほうっておけということになった。ただ、義母は、「八重山では精査できない。安間さんがいるでしょう」と医師に言われた。それで、私に電話したと言うのだ。ガンの疑いがあると指摘したのは、偶然にも大濱（息子）さんだったのである。

「とにかく上京してください」。そう義母に伝えると、私は当時東大病院にいた従兄に相談した。そして、彼を通して、友人が勤める国立がんセンターで検査を受けることになった。じきに「肺ガン」との結果が出て、義父は、そのまま入院することになる。

「五年はもたないでしょう。手術が一〇〇パーセント成功しても、一〇年は生きられない。覚悟していて欲しい」。従兄を通して、医者はそんなことを告げてきた。

ところが五年後。「完治しました。薬の必要もありません」。信じられないような医師の言葉であった。その後、義父は一〇年近く健康で過ごし、八一歳で他界した。死因はガンではなかった。健康診断で大濱さんに当たらなかったら、あるいは大濱さんの一言がなかったら、義父は一五年も前に亡くなっていただろう。この一五年間は、孫たちの成長を見ながらの幸せな老後であった。

石垣島で行われた葬儀。東京から駆けつけた私は座敷の奥に座っていた。そこに大濱さんが焼香に訪れ、いち早く私を見つけ一礼してくれた。私は彼を見つめ、そして、感謝の念で深々と頭を下げた。彼との出会い、それに義父の闘病生活から今日までが走馬灯のように脳裏を駆け抜けて行った。石垣島の穴場を紹介してくれた高校生の大濱さん。医師として義父の命をつないでくれた大濱さん。その大濱さんとは二〇〇六年三月、第四期目に入った石垣市長、大濱長照《おおはまながてる》さんである。

崎枝から御神崎への車道は、小さな湾の一番奥にある浜で終わっている。海に向かって右側の隅は、背の高いハスノハギリの林だ。林の中には、御神崎の灯台へ通じる小道がある。

折しも大潮の干潮の時間で、湾の外側のリーフまで海面から姿を現している。リーフとは、もともと岩礁のことだが、ここでは島を取り囲んでいる珊瑚礁《さんごしょう》のことだ。

「海で遊ぼう」。遠足は、ひとまずここで自由行動となった。荷物はひとまとめにして、日差しを避けるため木の下に置いた。生徒たちは長ズボンをぬぎ、運動用の短パンに履き替える。私は長ズボンを膝の上までたくし上げた。

さあ、出発だ。浜からリーフまでは少し深くなっていて、膝まで水に浸からなければならない。底は砂地で歩きやすい。ただ、岩はノリが付いているから、油断は禁物だ。早々に滑った生徒がいる。

まず、リーフの先端まで出た。穏やかな日だが、さすが先端では波の上がり下がりが大きい。テーブルサンゴを覗くと、パイプウニがいた。野球のバットのような形の棘《とげ》をしている。小豆《あずき》色の地に白い鉢巻き模様をした棘もある。パイプウニは、直接波が当たるような、リーフの先端でしか見ることができない。

パイプウニがたくさんいることを知った私は、後に生物の授業と理科部の活動に「ウニの発生」を取り入れた。生きたウニから卵と精子を取り出し、人工受精させ、まず、受精の様子を観察。その後、分裂による細胞数の増加を時間と共に観察するのである。発生実習は理科系大学の基礎実習か、金の潤沢な高校でしかやらない。それを中学校で、しかも、ウニの王様とも言えるパイプウニを使うとは、崎枝はなんと贅沢で、めぐまれた学校ではないか。

パイプウニがいるような所には、チョウセンサザエもいる。それが、たくさんいるのだ。私は生徒と競い合って集めた。

振り向くと、銛《もり》を手にした生徒がいる。

「準備が良いな」。私は感心し、軽快に移動する彼を追った。彼の銛は柄の長さ二メートル、魚を突く鉄の部分が六〇センチもある。私も持ってくれば良かった。下宿に一本おいてある。しかし、さすがに持参しなかった。遠足とはいえ、「遊び道具」は気がひけた。

「先生、あまり大きなものいないさ」。しかし、すでに三〇センチのブダイ二匹を刺している。

彼は銛の穂先を水面に浸すようにして、サンゴの隙間を一つ一つチェックしている。私は僅か

テッポウユリ

に腰を落とし目で穂先を追うが、どう見ても魚の姿はない。ところが、彼がサンゴの下をえぐるような動きをすると、三度に一度は、魚が刺さって出てくる。

「わあ、すごい」。私は歓声をあげた。

「先生。魚は見えんよ。でも、魚が入る穴は分かるわけさ。そんな穴をよ、一つ一つ巡るわけさ」。私はすっかり感心した。

一時間ほど魚を捕ったり貝を集めた後、我々は御神崎の灯台へ移動、三々五々、車座になって弁当を広げた。

現在、崎枝から御神崎までの道路が舗装され、灯台まで車で入ることが出来る。御神崎は石垣島の有数の観光スポットに変わった。しかし、当時は人に会うこともまれだった。

灯台周辺にはシバが自生している。斜面は、アダンに被われている。クサトベラもある。いずれも矮生《わいせい》し、這うようにして斜面に張り付いている。絶え間ない強い海風にさらされているからだ。春の名残か、遅咲きのテッポウユリもあった。そんな中で、いつ来ても会えるのは、瑠璃《るり》色をした可憐なチョウ、アオタテハモドキだ。

遠足の日、私たちは、その後も灯台から崖下へ下りて遊んだが、午後三時には学校へ戻った。朝方は、全員の靴が赤土で汚れていた。ところが、御神崎から学校へ戻る頃には、真っ白に変わっていた。海水ですっかり漂白されたようだ。

「先生方で分けて」。生徒たちは、捕えた貝を惜しげもなく一箇所に集めた。こうして、生徒と過ごす最初の一日が終わった。

右：アオタテハモドキ、左：タテハモドキ（標本）

生徒の名前を覚える

教室での授業が始まった。もっとも、生徒たちは一ヶ月前から新学期に入っている。私の受け持ちは全学年の理科。私は理科の教職免許を持ち、理科教諭として崎枝に配属されたので、これは、当然のこと。ところが、保護者の多くは、しばらくの間、私を体育教師だと思っていたらしい。始終、体操服を着て、生徒と走り回っているからだ。

理科以外では、二年生の数学、三学年合同の男子体育、一、二年生合同の美術、それに三年生の美術を担当した。生徒数が少なく、すべての科目に専任教師を置くことは出来ない。そのため、専門外でも、教員同士で授業を分担している。崎枝に限らず、小規模の中学校はどこも同じだ。三年生の美術は、実際は高校受験のため、おもに国語と数学の補習にあてた。一週間の授業数は、他の教師に比べ二校時多かった。

この他、授業ではないが、生徒は私といることを、標準語を勉強する機会と思っていた。「安間先生は本土の人。言葉も発音も参考にしなさい」。英語の教師が、生徒に伝えたそうだ。

部活動は理科部、手芸部、珠算部、書道部の四つ。理科部は私が指導した。全生徒三七名。男子は一八名。そのうち一六名が理科部に入った。生徒は、私に何を期待したのだろう。

僅か三七名というのに、私は生徒の名前がなかなか覚えられなかった。クラスを持っていないせいかも知れない。動物の名前ならすぐに覚えるし、忘れないのだが……。

三年生一三名のうち、誰の名前を最初に覚えたのか。あるいは、最後になったのは誰か。今となっては思い出せない。

勉強が出来る、スポーツが得意。逆にいたずら好き、問題児、長欠児。特徴のある生徒は覚えやすい。そうは言っても、ある程度日数が必要だ。

女生徒の名前は、早々に覚えた。四名だけだったし、それぞれ個性があった。

立津《たてつ》ナッ子さんは、四人の中では多少小柄だ。おとなしく、控えめな生徒だ。二才下にツネ子という活発な妹がいる。ともすれば比較され、なおさら目立たないのかも知れない。

私が崎枝中学を去って八年ほど経った頃だ。那覇に滞在中、彼女から電話が入った。

「先生ですか。崎枝の、立津ツネ子の姉です」。はて、私は一瞬戸惑った、しかし、声に覚えがある。

「ナッ子さんでしょ」。そう尋ねた。

「はい」。やはり、ナッ子だ。

「だめじゃない。はっきり名乗らなくては」。私が諭すと、「でも、先生、忘れていると思った」と言う。

「覚えているに決まっているじゃない。全員のこと、良く覚えているよ」。そう言うと、彼女は電話の向こうで喜んでいた。

「姉の所にいる」と言うので出かけると、そこにはツネ子もいた。私は夜遅くまで、楽しい時間を過ごした。

次の再会は、崎枝小学校創立五〇周年記念祝賀会の席だった。ナツ子は昔と違い、陽気でおしゃべりが止まらなかった。子育ても終わり、充実した家庭生活を送っているのだろう。私はうれしかった。

根間幸子《ねまさちこ》さんは、生徒会役員をしている。勉強が出来るし、スポーツも得意だ。後に制作した卒業アルバムの「希望と夢」の欄に、「デザイナーになって、最初に自分のウェディングドレスを作る」と書いた。上京後も活躍するが、結婚では一番遅れをとってしまった。

仲原初美《なかはらはつみ》さんは、心《しん》が強い、スポーツが得意な生徒だ。同い年だが、根間幸子の姪にあたる。卒業後、ながらく崎枝校の用務員を務め、後輩たちの世話もする、家庭的な生徒だった。

私は退職後、石垣島を訪ねるたびに崎枝へ行った。一晩は、当時の生徒たちと浜でバーベキューパーティーやキャンプもした。そんな時、初美は決まって料理役を買って出た。

宮国末子《みやぐにすえこ》さんは、日本の伝統音楽や楽器に関心が強い。一見おとなしいが、スポーツが得意な活発な生徒だ。私は三名も、「スポーツが得意」と書いた。しかし、お世辞ではない。三名とも秋の八重山郡中学陸上大会で入賞している。四名が一チームで参加する四百メートルリレーも、二年の狩俣恵子《かりまたけいこ》を含め、二位入賞を果たした。

末子は、先輩で幼なじみの与那覇《よなは》君と結婚した。美崎町で割烹「あけぼの」を開いている。旦那が板前、末子は女将だ。私は、八重山ではいつも、彼女の店でくつろいでいる。

三年生十三名。学校の庭にて。

私は生徒の名前をなかなか覚えられなかった。しかし、そうは言っても、そこは仕事。僅かな人数だから、順次、男子の名前も個性と一緒に覚えていった。

野里孝吉《のざとこうきち》君は、山も海も得意な生徒。教室ではほとんど沈黙している。神出鬼没で、私がどこかへ出掛ける時、必ず集落のはずれか浜の入口で待っていてくれた。

福里清信《ふくさときよのぶ》君は、生徒会役員を務める秀才。まじめで、常にクラス全体のことを考えている。何事も彼に指示すれば、最善の結論を持ってきてくれた。ちょっと、おっちょこちょいな部分があって、それが、また良かった。大学をでてから長らくドイツに滞在し、語学も堪能だ。

与那覇高司《よなはたかし》君は、海が得意だ。短距離・長距離走に強く、秋の中学陸上大会にも出場している。コンピューター関係の会社に勤めながら高校を出た。東京にいた頃は時々会ったが、その後、長らく会っていない。

前泊富雄《まえどまりとみお》君は、穏和な、人の良い性格だ。いつも、はにかみながら面白い話をするが、運動はあまり得意でない。私が西表島で生活していた時、偶然再会し、二日間、同じ民宿で過ごした。電気工事の技師として出張中だった。

下地勝廣《しもじかつひろ》君は、魚より上手に泳ぐ生徒だ。崎枝の海の中を知り尽くしている。大人になってからだが、「遊ぶのが楽しくて学校を休まなかった」と言うから、学校の何たるかをまったく理解していなかったようだ。

卒業後は、ずっと自動車教習所の教官を勤めている。私が八重山を訪ねると、いつも、自家用船で釣りに誘ってくれる。

大宜見春全君《おおぎみしゅんぜん》は、クラスのマスコット的存在だ。およそ勉強のことは気にしない、ひょうきんなところがある。いつも私についてきたが、波が大きいからと海に入らないし、ハブがいるからと藪にも入らなかった。八重山を訪ねるたびに会っているが、下手な三線を聴かされるのには閉口する。

仲嶺豊君《なかみねゆたか》は、実直で、何事もコツコツと積み上げるタイプだ。弟の面倒も良くみるし、アルバム作りでは、かなり頑張ってくれた。

彼が高校を卒業し勤め始めた頃、私はイリオモテヤマネコの研究に没頭していた。彼は月に一度は西表島へ訪ねて来て、いつも箱一杯の食料を差し入れしてくれた。銀行員として、その後も沖縄県内を転々としている。

新崎功君《あらさきいさお》は、口べたで自己主張の少ない生徒。しかし、キャンプなどで大はしゃぎをする。唯一、石垣島の「都会」に住み、バス通学している。崎枝では見ることがない交通事故などを自慢げに話す。卒業以来会っていないのは彼だけだ。元気でいるだろうか。

田本義弘君《たもとよしひろ》は、背伸びしたがるいたずら小僧。短距離走はクラスで一番。もちろん、秋の中学陸上大会に出場している。高司と同様、下級生には威張っているが、臆病な面もある。

私は最初の頃、男生徒は「くん」づけ、女生徒は「さん」づけで呼んだ。しかし、一週間も一緒にいると、何だか他人行儀に感じてきた。そして、気付いた時は名字でなく名前だけ。しかも、「くん」、「さん」を付けずに呼んでいた。

例えが悪いが、一三名は犬コロみたいだ。男子女子、いつも楽しく、和気あいあいと過ごしている。もう、八年以上も毎日顔を合わせ、学校生活も一緒だ。何も遠慮は要らないし、気心も知れている。

しかし、すでに中学三年生。これからは異性を意識したり、自分を取り繕うことも起こるだろう。大人への階段を踏みつつある生徒たち。私は、彼らの成長が楽しみだ。

海で遊ぶ、夜の素潜りやタカラガイ

五月八日、理科の教員研修会があった。小中学校で理科を担当する教員が一ヶ所に集められ、講義と実習を受けるものだ。今回は、広島大学から講師一名が来島した。

午前中は教室で講義。冷房がないから、暑くてほとんど身が入らない。しかし、教員はともかく、講師は慣れない気候で、しかもネクタイをしめているから汗だくだくで、見ていて気の毒だ。

講義の内容は、身近な植生調査だった。運動場の隅に一メートル四方のコロラードを描き、中にある植物の種類を調べる。さらに、種類毎の数、あるいは、どれほどの面積を占めるかという被度を調べ、そこの優占種を確認する。同じような調査を何ヶ所かで行い、得られた結果を平均化する。最終的には、運動場全体の植物の種類数や優占種を把握するというものだ。私には、簡単過ぎて退屈だった。それというのも、大学の専門教養で勉強する、もっとも初歩の基礎的な勉強なのだ。

昼休み、「大学では生物学を専攻しました。構わなければ、お手伝いさせてください」。少し、出しゃばり過ぎかと思ったが、思い切って提案した。すると講師は、「助かります。先生方が多すぎてね」と、ことのほか喜んでくれた。こうして、午後は運動場へ出て、和気あいあいと実習が進んだ。

研修会で、何人かの先生と知り合いになった。五月一五日には歓迎会といって、町でご馳走になった。その後、土曜日になると、「海の勉強をしましょう」と、誘いがかかった。同じ崎枝校の成底方新さんも一緒のことが多かった。

「勉強しましょう」などと、体裁の良いことを言うが、魚を捕って、一杯飲もうということだ。皆、教員に違いないが、何名かは漁師そのものだ。実際、教員になる前は、カツオ船で仕事をしたり、サバニ（刳《く》り舟）を持って漁師をしていたそうだ。

沖縄は、第二次世界大戦で多くの人材を失った。そのため、戦後長らく、正規の公務員が足りなかった。そこで、高校卒業後、地元に残っている人が役所、郵便局、学校に採用された。こういう人たちは、夏と冬の講習や通信教育を通して、何年もかかって、ようやく資格を取った。苦労している人が多いが、本来の仕事以外に、技術や力を持つ人も多い。

一緒に海へ行く約束をすると、夜、九時過ぎになって迎えに来た。行き先は、川平を越えて吉原あたりが多かった。夜釣りではなく、大潮の干潮時に合わせ、素潜りで魚を突くのだ。

着替えは浜でやった。パンツ一つではなく、必ずシャツを着た。一度、海に浸ると、風が冷たく感じられるのだ。防水ライトと二メートルを超す銛を持ち、水中メガネを着ける。地下タビかズックを履き、軍手もはめる。準備が出来ると、各自、勝手に海へ入った。随分、潮が引いており、目指すタイドプールやリーフの割れ目は、砂浜から数百メートル離れている。タイドプールとは潮が引いた後に残る潮だまりのことだ。干上がった岩礁には一メートルを超えるウナギがいた。ウナギの仲間に違いないが、吻《ふん》がウツボみたいに尖っている。カニや貝を食べているのだろう。ところが、驚くと、ものすごいスピードで一直線に逃げる。水がない場所だから、ピョンピョン跳ね、それが、こちらへ向かって来たりすると、咬《か》まれるのではないかと、跳び上がってよけた。

海中は、昼とまったく違う。ライトが照らす狭い範囲だけが、目に見える世界だ。危険な場所があるかも知れない。人食いザメがすぐ後ろに迫っているかも知れない。まめに水面に顔を出して、位置を確認する。

しかし、実に面白く興奮を覚える世界だ。日中は敏捷な魚が、夜は眠っている。触ってもヒラヒラと泳ぐだけで、またすぐ止まってしまう。銛で突くことをためらってしまうくらい逃げないのだ。逆に、昼間は見えにくかったウツボやウミヘビが泳ぎまわり、穴や割れ目に潜んでいたウニや貝も活発に徘徊している。私はいつまでも、夜の生き物を見ていたかった。しかし、海で長居することはなかった。目的は魚捕りだ。

町へ戻ると、そのまま誰かの家に呼ばれた。必ず奥さんが起きていて、酒の準備もしてあった。

酒の席では色々な話を聞くことも出来たし、楽しいことばかりだった。こんな夜が三週も続いた。「深く付き合わんほうが良いよ。酒飲んでいるだけだから」。大家さんが言った。大家さんは小学校の校長だ。そこの教員も海の仲間に入っている。

大家さんに言われたからと、行くことを止めたり、回数を減らすことはなかった。しかし、多分、歓迎の意味を込めた誘いは三回までで、その後は、多くて二ヶ月に一度だった。私は大家さんの顔も立てたし、仲間との付き合いもほどほどに続けることが出来た。

その後は、一人で出掛けた。大潮は二週間毎にある。満月と新月の頃だ。

八重山の満月は昼間のように明るい。海面が照り輝き、山並みも遠くまで見渡すことが出来る。岩礁がとてつもなく広く思えた。リーフの先端では、波の音だけが聞こえている。パイプウニが、そこかしこで棘を動かしている。日中、なかなか見つからないのに、こんなにもいたのかと驚かされる。

新月の夜は、浜がもっと広く見えた。ライトを消すと、足元さえ真っ暗だ。海岸近くの家の灯りも、本当に遠くにあるみたいだ。無事、戻ることができるだろうか。突然、ライトが切れてしまったら……と不安になることもある。

ウミウサギというタカラガイに似た貝がある。名前の由来は、殻が真っ白だからだが、内側は濃い赤色をしており、そのコントラストが見事だ。ぜひ、自分で採ってみたいと思った。図鑑には、「専ら夜活動し、ユビノウトサカという柔らかいサンゴを食べている。常に黒い外套膜で殻を包んでいる」と、ある。私は潜るたびに必死に探した。しかし、見つけることが出来なかった。

手許にあるのは勝廣や孝吉からもらったものだ。

一人で行った崎枝湾の夜のこと。布袋を担いだ二人の漁師にあった。何をしているのかと尋ねると、「イラブーだ」と言った。エラブウナギを捕っているのだ。ウナギと呼んでいるが、本当は岩礁地帯に棲み、夏、陸上で産卵するウミヘビのことだ。厳密にはエラブウミヘビを指す。しかし、実際はヒロオウミヘビやアオマダラウミヘビも含んでいる。毎年、六月一五日が解禁で、捕獲したウミヘビは業者が高価で買い取る。業者はそれを燻製にして売る。沖縄では、昔から宮廷料理あるいは滋養強壮用に珍重されてきた。

乾物屋や那覇の市場では、とぐろを巻いたものや、ステッキのように真っ直ぐ伸ばしたものが売られている。ギラギラと脂ぎって黒光りしている。

「何だろう」と近づいたのはよいが、直後、「ヘビだ」と言って、眉をひそめる観光客もいる。

ウミヘビは珍しい生き物ではない。普通に見ることが出来る。夜の海はもちろんだ。日中でも浅瀬に来たり、サンゴの中をぬって泳いでいる。

私は、以前、よく那覇から連絡船を利用した。波の穏やかな朝、御神崎あたりに来ると、おびただしい数のウミヘビが海面に浮かび、出迎えてくれた。

御神崎近くの浜に、ウミヘビの燻製小屋があった。しかし、これまで、ウミヘビ捕りに参加したことはない。

「一緒に行ってよいか」と尋ねたら、「ああ、いいとも」と、言ってくれた。そして、少し離れていた連れに、「いちゅんどー」と声をかけていた。「出掛けるよ」と言う沖縄語だ。二人は、沖縄島の出身ということだ。沖縄語とは、沖縄島で使われる幾つかの方言の総称である。沖縄県は七〇近い島から成り、厳密にいえば島ごとに言葉が違っている。沖縄島は一般にいう沖縄本島のことだが、沖縄島と呼ぶのが正しい。

海際の岩に洞がある。満潮時には海水が浸入しそうな場所だ。腰を低くして、一人が入っていく。私は遅れまいと続いた。奥から清水が流れ出ていた。

「あっ、いた」。ウミヘビが絡み合っている。突然の光景に、私は一瞬、身構えてしまった。三匹見えている。大きいのは一メートル五〇センチある。模様が鮮明でない。エラブウミヘビのようだ。鮮やかなブルーの横縞はアオマダラウミヘビ。少なくとも二種類が一緒にいる。

銛で突くのかと思ったが、漁師は、やおら手づかみにした。驚く私に、「咬《か》まんよ」と、言って無造作に袋に放り込んだ。

私は先に洞を出て、別の洞を覗き込んだ。すると別の一人が、「そこには、おらんよ」と言って、笑った。エラブウミヘビが上る洞は決まっている。だから、そこだけを見回るのだそうだ。洞と限らず、岩の割れ目になっている場所もある。一年中、上陸するのではなく、夏の繁殖シーズンだけだそうだ。多いときには一〇匹が一緒にいる。種類はまちまちだが、たまにハブも混ざっていると言う。いわば、ヘビの「乱交パーティー」だ。ウミヘビは、その後、陸上で産卵する。陸生のハブが繁殖に関わることなどありえないことだ。ただ、漁師の話は真剣だった。交尾するのは、もちろん同じ種類だけだ。しかし、何種類も一緒にいたのは、驚きだった。

昼の海へも、よく出掛けた。魚は専ら食べるために捕った。貝は、趣味として集めた。浜で貝殻を拾うのではない。生きた貝を採集し、中身を抜いて標本にする。そうしなければ、自然のままの、きれいな貝は集めることが出来ない。しかし、クモガイ、チョウセンサザエ、サラサバテイ（高瀬貝）、多くのイモガイは、最初の一つ二つを標本にし、あとは魚と同じように食べた。

ハリセンボンやウツボは刺身に出来ない。それでも持ち帰ると、下宿では大家さんの奥さんが、料理してくれた。ウイキョウやヨモギなど匂いの強い野菜と一緒に煮た。ウツボは、ほとんど骨だけだが、スープはおいしかった。サメだって酢みそで食べれば、まあまあの味だ。しかし、「何々の薬です」。「肝臓に効きますよ」。奥さんは、何でも薬にしてしまう。田舎の常なのだろうが、せっかくの気分が台無しだ。「私は病人ではありません」と言ってやりたかった。

貝は、特にタカラガイとイモガイに魅力を感じた。色や模様がきれいで、種類も多い。

タカラガイは表面がすべすべした、艶のある巻き貝だ。日本には一五〇種類。八重山でも一〇〇種類いるだろう。ふつうの巻貝と違い、殻の口が狭くなっていてそこに歯のようなぎざぎざがある。未成熟な貝では、この部分がまだ完成していないので、不用意にさわると欠けてしまう。

タカラガイは成長につれて、色の違ったエナメルのような分泌物を幾重にも重ねていく。だから、若い貝と十分に成長した貝が、まるで違う色や模様になっていることが多い。この違った色の層を彫り分け、貝殻の上に絵を描くのが「イタリア彫刻」で、カメオもその例だ。沖縄の土産物店で売られているものは、ホシダカラを材料にしている。ほとんどフィリピン製で、ヤシの木やヨットなどが描かれている。

趣味でタカラガイを集めている人もある。中には一個一〇〇万円近い珍品もあるらしい。私は崎枝周辺で三〇種類集めたが、同じタカラガイの仲間でも種類によって棲み場所が違っている。

ハチジョウダカラは私が一番好きなタカラガイだ。約八・五センチの大きさで、ずっしりと重い。殻は丸みを帯びたひし形。背面が大きく隆起。暗褐色の地に黄白色の円い斑点《はんてん》が散在する。「子安貝」と呼ばれ、安産のお守りや商売繁盛の護符として親しまれてきた貝だ。四国以南に分布する南方産の貝だが、江戸時代、八丈島あたりから江戸へ供給されたのだろう。外海の波が直接当たる岩礁の割れ目や穴に潜んでいる。大潮の干潮時でなければ、手が届かない所に棲んでいるが、御神崎は、私が知る限り、八重山で一番ハチジョウダカラが多い岩場だ。

ハナマルユキは、ハチジョウダカラをずっと小形にしたような貝だ。黒褐色で、背面に白い小斑点がある。大きくても三・五センチくらい。ハチジョウダカラと同じような、外海の波が直接当たる岩場の、少し浅い所にいる。一ついると、周囲でたくさん見つかる。

ヤクシマダカラは潮間帯の岩礁に棲む。礁原にある岩の下を丹念に探すと、たいてい一つ二つ見つかる。しかし、一ヶ所で大量に見つかることはない。同じ模様だが、少し小さくて細長いものは、ホソヤクシマダカラという別の種類だ。

ホシダカラは日本産のタカラガイで最も大きく、最大一一センチになる。殻は丸くふくらみ、白地に多数の黒斑がある。礁湖内に棲息するが、他のタカラガイのように一ヶ所で幾つも見つかることはない。

ホシキヌタは潮間帯付近のサンゴ礁や岩礁に棲む。内湾の波静かな所にある転石の下に多い。

一ヶ所で幾つも見つかることが多い。

ヒメホシダカラも、私の経験では、ホシキヌタとほぼ同じ所に棲み一ヶ所でたくさん見つかる。ハナビラダカラは潮間帯の岩礁、サンゴ礁、転石の下などに棲む。一ヶ所で多数見つかる。キイロダカラも似たような場所に棲むが、群生することはない。昔、中国の一部で貨幣として使われた貝で、漢字の「貝」もキイロダカラの文様から採ったと言われる。

ホシキヌタ、ヒメホシダカラ、ハナビラダカラ、キイロダカラは四班の浜へ行くと、本当にたくさんいた。四班の浜は、学校から近いこともあって、生徒と遊びながら貝を集めたものだ。

タカラガイの標本を見せると、ほとんどの人が、「これ磨いたの?」と尋ねる。確かに表面がすべすべして艶がある。しかし、これは純粋に天然の輝きだ。タカラガイは生きている時、外套膜と呼ばれる柔らかい体の一部が殻をすっぽり覆っている。そのため、フジツボや海藻が着生することがない。だから、標本にする際、特別な処理をしなくても、常に磨かれているように光っているのである。ところが標本を作る際に、煮たり地中に埋めたりすると殻の艶が消え、表面が雲を被ったように変質してしまう。こうなったらタカラガイの価値は無くなってしまう。

イモガイの仲間は、殻が厚く殻口が狭いのでミナシガイ（実無し貝）と呼ばれたりする。実際はたっぷり肉があり、食べてもおいしい貝だ。日本には約一二〇種類が分布。八重山では約一〇〇種類いるはずだ。形や模様の違い、種類による大きさの違いから、タカラガイに負けない魅力がある。ミカドミナシ、クロミナシ、アンボンクロザメ、ゴマフイモ、アカシマミナシ、ソウジョウイモ、アジロイモ、ニシキミナシなど、宝石にはない深みがある。しかし、タガヤサンミナシ、アンボイナ、シロアンボイナのように、毒針を持つ種類があるから注意が必要だ。中でもアンボイナは、沖縄でハブ貝と呼んでいる。刺されると筋肉が麻痺。さらに、呼吸障害を引き起こし、死に至ることもある。致死率六〇から七〇パーセントというから、たかが貝と侮ることは禁物だ。

レイシガイの仲間は潮間帯で見られる。特に干上がった礁原で一番多い貝だ。大きな種類でも三センチ。殻はサンゴ藻や海藻に被われていて、岩と区別がつかない。キマダラレイシ、アカイガレイシ、キイロイガレイシ、ムラサキイガレイシ、シロイガレイシ、ハナワレイシ。手にとってみると、殻口の形や色が、種類により様々で美しい。

御神崎灯台の最北端の絶壁。波が高かったり満潮時は危険で歩くことが出来ない。しかし、大潮の干潮時、波静かな幸運に恵まれたら、絶壁の下を伝い歩きして、大浜ガマの浜から御神崎へ行くことが出来る。ここで、すごいものを見つけた。つるつるの岩の表面が、分厚いノリで覆われていた。しかも、波打ち際から幅一メートルの高さ。長さ数十メートルにわたっている。食べられるだろうか。試みに、少し剝がしてみる。「おいしい」。確かに食用ノリだ。乾燥していて、パリパリする。

「よし、採ってやろう」。私は夢中になって剝がした。ていねいにやると時間がかかる。短冊状に剝がすが、それでも、幅一〇センチ、長さ五〇センチになる。鳥のフンで真っ白な部分は避けた。一五分も採ると袋いっぱいになった。今日は、すごい収穫の日だ。

それにしても、何故、こんなところに、たくさんあるのだろう。確かに、人が来て採った形跡はない。毎日、波しぶきを浴びて、藻類が繁殖するのも分かる。この日も、朝方まで潮をかぶっていたかも知れない。それが、一時の間に、乾燥した上質ノリに変わっているのだ。

沖縄には「アーサ」という食べ物がある。ヒトエグサという緑藻だ。春先、岩礁地帯で採集し、乾燥保存する。主に祝い事で、豆腐と一緒に吸い物に使う。私が集めたノリも同じ種類かも知れない。家に帰って見たら、少し鳥のフンが混じっていた。指先でピンッと叩くと、パラパラと落ちた。しかし、残りはスープの隠し味になった。この日は大きなミナミクロダイも突いた。仕合わせな一日だった。

確かに、頻繁に海へ出掛けていた。崎枝校へ赴任した五月一日から一学期の終業式があった七月二〇日までの記録を、ノートから拾ってみる。

五月三日から五日は西表島南風見田《はいみだ》の海。六日は遠足で御神崎。一六日夜、吉原の海へ。雨交じりの風で、大変寒かった。アマオブネ、ヨウジウオを採集。

二一日、四班の浜でカワラガイ、ホシキヌタを採集。二二日、屋良部崎でパイプウニ、タルダカラ、マアナゴを採集。マアナゴはアワビの仲間だ。二三日夜、吉原と米原の海へ。二四日、名蔵湾でタガヤサンミナシ、ガンセキボラを採集。二五日、四班の浜で貝の採集。二六日、川平半島の先端、石崎へ。オオベッコウザラ、タモトガイ、アカシマミナシを採集。三一日、富崎観音堂の海へ。

六月は、二日、四班の浜と福里《ふくさと》の浜で貝の採集。四日、屋良部崎でオニヒトデ採集。七日、御神崎の海。一四日、御神崎、川平、米原の海へ。一五日夜、名蔵湾で魚捕り。一八日、四班の浜

四班の浜。貝を探しているのは二年生。対岸は川平半島。

で貝の採集。一九日、御神崎の海へ。二〇日、再び御神崎へ。

七月に入ってからは、四日、大浜ガマの浜でハチジョウダカラを採集。五日、川平と崎枝の浜へ。一六日夜、大浜ガマの浜へ。ホラガイを採集。一八日、御神崎でハチジョウダカラを採集。一九日、再び御神崎へ。ハチジョウダカラを一五個採集。二〇日、終業式のあと、大浜ガマの浜、四班の浜へ。

なんと一学期の八一日間で、二六日、海へ出掛けている。しかし、これは純粋に海だけの話。同じくらい頻繁に山へ行っていた。山は昆虫採集や写真撮影が中心だった。カメラを持って海へ入ることは出来ない。だから、海と山へ同じ日に出掛けることはなかった。

時効だから言うが、私は授業中も同じことをしていた。学校のすぐ下にある浜が、四班の浜。自分が理科、美術、体育を担当していることを良いことに、私はいつも生徒を連れ出していた。おまけに理科部の活動、放課後まで一緒に浜へ出掛けた。生徒も、多分、喜んでいた。勝廣、春全が言う「学校で遊ぶ」とは、このことだったのだろうか。

「もっと、まじめにやれ」。「遊んでばかりいないで、学校のことも真剣に考えろ」と、自分に言いたくなる。

一度、崎枝湾にいる時、ボーンという爆発音を聞いた。

「事故か」。しかし、崎枝に工場はないし、沖を見渡しても船影はない。音は一回だけだった。気にはなったが、貝採集に夢中になり、私はじきに、そのことを忘れてしまった。

夕方になって、私は五班の福里の浜にたどり着いた。何やら人が大勢いる。

いる。

「何だろう」。そう言えば、数時間前の爆発音は、このあたりからだ。

近づいてみて、驚いた。魚がいっぱいだ。イワシのような小魚が、一〇センチもの厚さに積み重なっている。しかも、波打ち際を幅三〇センチの帯となって、黒々と一〇〇メートルも続いている。

五班の人がいた。小学生もいた。皆、バケツや洗面器で、小魚をすくい取っている。明らかにイチュマンと分かる男も二人いた。真っ黒な顔で、赤い髪をしている。彼らは大きな魚だけを選び、近くのサバニに運んでいた。

イチュマンとは専業の漁師のことだ。八重山の漁業は、明治時代、沖縄島から来た糸満人《いとまん》が始めた。以来、漁師のことを、そう呼んでいる。今は、糸満人だけに限らないから、漁師のことを「ウミンチュ（海人）」とも呼んでいる。真っ黒な顔は日焼け。赤い髪は海水で脱色された結果だ。

サバニは沖縄独特の形をした刳《く》り舟のことだ。

「どれだけでも、持っていきな」。漁師の一人が言った。

「先生、採ったらいいさ」。父兄の一人も勧める。しかし、私は欲しくなかったから、丁重に断って、ただ、眺めていた。

これは、ダイナマイトを使った漁だそうだ。水中で火薬を爆発させると、たくさんの魚が死ぬ。それを集める方法だ。ねらいは大きな魚だが、今日は、近くに小魚の大群がいた。それらが爆死して浮かび上がり、満ちてくる潮で岸に打ち寄せられたわけだ。

ダイナマイトによる漁は、厳しく禁じられている。事故に巻き込まれる危険があるし、何より、海の資源を根こそぎ破壊するからだ。しかし、西表島や裏石垣などの監視が行き届かない地域では、良く行われているようだ。たまたま居合わせた人は、漁に関係なくても、獲物を拾うことが出来る。そのかわり、密告はしないという暗黙の了解がある。裏石垣とは、石垣島の旧市街地を除く地域の総称だ。

福里の浜で見たおびただしい魚の死体。居合わせた人たちだけで、処理出来る量ではない。翌日には腐りだし、その後、悪臭で二ヶ月も現場に近づくことが出来なかった。

私は幸いにも、海で事故に遭うことはなかった。しかし、サンゴで手や足を切ったり、岩でひどい擦り傷を負う程度のことは、ひっきりなしにある。

一度はサンゴに刺されて、顔がひどく腫れたことがある。素潜りで魚を探していた時のことだ。うっかり、岩を被うサンゴに触れてしまった。そういうことは普通にあるし、ほとんどのサンゴは、触れても危険ではない。だから、別に気にもしなかった。ところが、その時は、しばらくして腫れが出て、全身がヒリヒリ痛むようになった。特に顔面はゴワゴワと固くなり、一番痛みがひどかった。

病院へは行かなかったし、特に薬もつけなかった。しかし、幸いにも数日で回復し、痕が残ることもなかった。たまに、こういうことも起こる。「これも海を知るための授業料か」。そう考えると、あまり悪い気にはならなかった。

六月二日、最初の給料をもらった。五月分だ。手取り九四ドル八七セント。それに、僻地手当九ドル二五セントが上乗せしてある。総計一〇四ドル一二セント。沖縄はアメリカの施政権下にあり、貨幣はアメリカドルが使われていた。もちろん、給料もドル仕立てだ。当時、一ドルは三六五円。私の一ヶ月の給料は、日本円に換算すると三万八〇〇〇円だ。

さすが、初めての給料はうれしかった。金額も十分に大きかった。私は大学を二つ卒業し、法学士と理学士の二つの称号を持っていた。それで、普通の大学卒より給料が多かった。私は大学時代、運転手のアルバイトをしていた。毎月四万円、残業が多い月は五万円を稼いだ。大学卒の初任給が三万五〇〇〇円の時代、それは、かなり高額だった。しかし、それとこれは別だ。本職で得た最初の給料には重みがある。

さっそく、一ヶ月分の家賃一五ドルと食費二〇ドルを下宿先に渡した。郷里の母へも気持ちだけの額を送った。五月分の収支決算をしたら、四五セントの赤字だった。

崎枝校への勤務には、僻地手当がついた。市街地から通勤出来る距離だというのに、ありがたかった。もっとも、金額はオートバイの燃料費程度だった。

日本の西南端を先島《さきしま》諸島と呼んでいる。先島諸島は宮古《みやこ》島を中心とした宮古群島と、八重山《やえやま》群島に二分されている。同様に教育区も二分されている。

八重山教育区は八重山群島全域、すなわち石垣市を中心として、竹富《たけとみ》町、与那国《よなぐに》町を含んでいる。このうち石垣市街と東は白保《しらほ》、西は名蔵までが僻地手当が出ない地域。石垣島のその他の地域が僻地第一地域、西表島や黒島など竹富町に属する離島の多くが僻地第二地域。多分、竹富町の波照間《はてるま》島と与那国町の与那国島が僻地第三地域で、遠くになるほど、僻地手当が大きかった。

八月にはボーナスが出た。一五七ドル三四セントの臨時収入だ。一一月には、五月にさかのぼって、月給が一〇ドルのアップになった。一二月には二度目のボーナスで三〇九ドル七八セントの入金。翌年の二月、基本給が、さらに一〇ドルアップになった。

一人暮らしだったから、生活費で苦労することはなかった。しかし、一年後退職の際、ほとんど貯金がなかった。一一月に休暇で上京する折り、飛行機代や土産代で、かなりの金を使った。その他、たまに近くの青年にご馳走したり、特大のケーキと飲み物を買って、よく生徒と浜へ行っていたみたいだ。散髪代一ドル二五セント、ソバ三〇セント、タクシー二〇セント。当時のノートを開くと、そんな細かな事柄まで記録してある。

2　夏、灼熱の太陽の季節

バイク通勤、お懐かしや月光仮面

崎枝校の教員は、全員石垣市街あるいはさらに五キロ以上遠い大浜や宮良《みやら》から通勤していた。そのため、出勤時間は八時四〇分だった。一時間目の授業は八時五〇分からと、始業時間を町の学校より二五分遅らせていた。もっとも、そうなったのは六月からで、私が勤務した五月の時点では、一五分遅れの八時半までの出勤だった。

五月末の職員会議の時である。ある教員から、「始業時間を遅く出来ないか。遠いから間に合わない」という話が出た。すぐ、二人が同調した。

「間に合わなければ、早く家を出たら良い。それに、バス通勤は関係ない」。私はそう思ったが、逆らう必要はないし、損することでもないから黙っていた。バスは本数が少ないから、始業時間を遅くしたからといって、次のバスに替えることは出来ないのだ。

校長は人間が出来ていると言うのか、およそ自分の意見を言わない。ほとんどすべて、皆の思うようにやらせる。教師を信頼しているということだろう。

校長が話す場合は、決まってそれが必要な時だ。常に的を射ている。だから、誰も納得する。私が、「信頼できる」と感じたのは、そんな校長の信条からだ。

「良いでしょう。皆さんの意見は?」。校長の一言で、話し合いに入った。しかし、校長が、それを名案と思うはずはない。「皆が賛成なら、良しとする」くらいだろう。醒めた目で見ているのが、私には分かる。話し合いの結果、出勤時刻は、これまでの一五分遅れよりさらに一〇分遅く、八時四〇分と決まった。

新時間での出勤は、すぐに実行された。さすが、しばらくは遅刻がなくなった。ところが半月も過ぎると、以前と変わらなくなった。つまり、同じ人が遅刻するのだ。遅らせることを提案した人たちである。

今まで通り家を出れば、遅刻はなくなっているはずだ。一〇分遅くなったからと、その分家でゆっくりしたら、何の改善にもならない。要は自覚の問題だ。

朝の会議も同じだ。一〇分はすぐに過ぎてしまう。だから、必要なことだけ話し合えばよい。ところが、決まって出る話題はローカルな三面記事ばかり。「バンチャのトゥズ(我が家の妻)がね……」なんて話も毎日だ。

「終わりましょう」などと言う教員はなかった。それでいて、皆が皆、話に加わっているわけではない。私は、まったく別のことを考えたり、「一応、お勤めですから」と、無言のままその場にいた。ただ、じっとしているのがだめで、イスを後ろに傾けたりしていた。イスは四脚だが、後ろの二脚でバランスをとり、両足を床から離し、どれほど長くいられるか挑戦するのだ。これは結構難しい。だが、面白い。すぐに時間が経つ。バランスを崩したら、素早く足を着地させれば良い。

ところが急に後ろに倒れ、机を掴むのに失敗する時がある。バターンと、とんでもない音がするのだが、それはそれで良い。「早く終わりましょう」のサインになるのだ。

校長も、私と同じ考えみたいだ。さすがに「イスの弥次郎兵衛」はやらないが、別の方を向いて、書き物をしていた。

生徒たちが私を受け入れたのは、多分、授業の開始時刻を守るからだろう。私は時間がくると、会議中でも席を立って、教室へ向かった。そんなことが三日ばかり続いた。英雄扱いである。「先生すごいなあ」。「気持ちいいなあ」などと言う生徒が出てきた。

「大丈夫ですか」なんて心配する生徒もいるが、私は決まって、「授業が大事だぞ」などと、自分でも思ってもいない返事をした。単に、私事の話で自分の時間を束縛されたくなかっただけである。ただ、後で知ったのだが、保護者の間では、「新しい先生は職員会議に出ない」という噂がたっていたらしい。とんでもない誤解だ。

私はオートバイで通勤していた。四箇の下宿から学校まで一六キロの距離がある。途中、川良山という、ちょっとした山越えがある。市街地のうしろにあるバンナ山塊の一角だ。今はすっかり整備され、完全舗装されている。ところが当時は舗装がなく、幅の狭い大変な悪路だった。急カーブが連続。その上砂利を敷いていたから、タイヤがとられやすかったし、母岩が出た所は水でよく滑った。こんな道だから、川良山を越える車は少なかった。

バスはもちろん、多くの車は市街地を西へぬけ、新川のツンマーセから名蔵川へ向かった。いわゆる石垣島一周道路である。ただ川良山越えは距離が短く、名蔵湾で一周道路に合流するまで、確実に五分短縮することが出来た。だから、私は、あえてこの悪路を利用したのだ。

楽しみの一つは、崎枝の高校生と会うことだ。彼らも、同じ道をバイクで通学していた。高校はすべて町の裏手にある。だから、川良山を通るほうが、距離も時間も早かった。皆、弟妹が崎枝校にいる。手を振って、一瞬にすれ違うだけだが、さわやかな日課だった。

ところで、この一六キロを、私は二〇分で走り抜けた。はっきり言って、かなりのスピードだ。慣れない道で、最初の一ヶ月で二度も転んだ。一度はバイクを跳び越え、数メートル先に転がり落ちた。もう一度は土手に叩きつけられた。バイクは五〇ｃｃ。小型だから車体が軽く、地面に張り付くターンが出来ないのだ。ところが、じきに、「ここは、どれだけ減速」と、カーブごとのコツを覚え、転がることもなくなった。

もっと早く出れば、そんな危険はない。しかし、それが出来ない事情があった。私自身は十分に早起きし、下宿の庭掃除も済ませている。ところが、朝食が遅いのだ。それでいて、食べない

一周道路と名蔵大橋。モクマオウの防潮林があった。

とひどく叱られる。暴走行為は、私の責任ではなかったのだ。

バスを追い抜く時が一番怖かった。もともと狭い道で、追い抜く場所は限られている。それに合わせてすぐ後ろに付き、一〇〇メートル足らずの間に抜き切る。一瞬でも遅れると、もう絶対に抜くことが出来なかった。砂ぼこりに息を止め、目を細めて、一気に走り抜けた。

私は夏も冬もウインドヤッケを着ていた。フードを被り、水中メガネまで使った。ヤッケは雨具であり、砂ぼこりを避けるためでもあった。

このヤッケが黄色。遠くからでも目に付いたようだ。後のことだが、懇親会の二次会で、校長の知人と同席した。

「うちの教員だがね、君、毎日会っているよ」。校長が私を紹介する。

「えっ?」。いぶかしがる相手に、校長は一言二言、付け加えた。すると、「ああ、あの月光仮面ね」。その人は、すぐに分かった。網張《あんぱる》の道沿いに田んぼがあり、猛スピードで駆け抜ける私を、「いつも見ている」と言って笑った。網張は地名で、名蔵川河口一帯を指している。近くに発達したマングローブがある。

そのうち、私は六時とか七時に家を出ることにした。下宿には「鳥や花の写真を撮りたい」と言った。確かに、田んぼや干潟では、朝方、多くの鳥を見ることが出来る。また、朝露に濡れた花は、それだけで写真に撮る価値がある。それは本当だ。しかし、遅刻はしたくなかったが、猛スピードで走るのが恐かった。それが本心だ。だから、早朝出勤に決めたのだ。

ところが、これが日課となると、それはそれで楽しい。八重山の朝六時は、季節によっては夜

一周道路と崎枝一班。舗装されていない。

明け前だ。そんな時間に家を出て、網張や、シーラに寄ると、リュウキュウヨシゴイ、バン、ムラサキサギ、それにアマサギの群れを間近に見ることができる。シーラも網張に似た環境で、小規模だがマングローブがある。干潮時にはミナミコメツキガニや、さまざまな色と模様をしたシオマネキを観察出来た。夜明けのオオハマボウ（ユウナ）の花はひとしお清楚であったし、亜熱帯にあって、田んぼを照らす朝の日差しは、なんとも言えず柔らかだった。

八重山は日本の一番西にある。それだけ日没も遅い。六月に入ると、退勤時と言っても昼間と同じだ。中には、帰宅して畑で一仕事する教員もいる。私は帰りがけ、バンナ岳に良く寄り道した。

バンナ岳は石垣市街の後背地にある独立した山塊だ。なだらかな丘陵状の山で、自然林と二次林、明るい原野、耕作地がほどよく混じっている。第二次大戦中は、疎開地として、たくさんの仮の村があった。

山中を一本の沢が貫いている。ペンサーガーラだ。水量は多くなかった。水がきれいで、チョウが多かった。そんな中で、コノハチョウは渓流沿いにだけ見られた。日本では沖縄島と八重山の一部にしか分布しない熱帯性のチョウだ。泡盛を口に含んでプーッと噴霧する。すると、数分して、必ず一、二匹が飛んできた。泡盛はコノハチョウを見るため、特別に持参した。コノハチョウは、揮発性の強い発酵臭に惹かれるのだ。

日本本土でも、クワガタムシを捕るために、黒糖を焼酎に溶かしクヌギの樹幹などに塗る方法がある。カブトムシやオオムラサキなど、樹液に集まる昆虫は、この方法で採集する。コノハチ

オオハマボウ（ユウナ）

ョウを見る時も、同じ習性を利用している。この他、ヒカゲチョウやジャノメチョウの仲間は、熟したバナナなどを置いておくと飛来する。

ペンサーガーラはハブ（サキシマハブという八重山特産種）も多かった。私は写真に撮ったり、珍しがる旅行者に見せたりした後は、必ず逃がしていた。

ところが、石垣島にはハブ捕りを商売にする人がいた。台湾出身だという老人は、白保に住んでいた。私はバンナ岳の山中で何度か彼に会った。彼は、ハブを見つけ次第手づかみにする。渓流では日中でもハブが多かった。彼は、岩の割れ目に手を入れて、引きずり出すこともした。背負いカゴには、いつも数頭のハブがうごめいていた。

「蔓《つる》を煎じた毒消しを飲んでいる。咬まれても大丈夫」と、老人は言っていた。ところが、数年後、彼はハブに咬まれて死んでしまい、ちょっとした新聞記事になった。

毎日、同じ道を走ると、町では気付かない季節の変化や、自然の力を知ることが多い。この年も、夏から秋にかけて数個の台風が到来した。八重山地方にとって台風は避けて通れない宿命的なものだ。しかし、台風だと言って恐れることはない。家屋は台風に耐えられる重厚な造りになっている。本土では山崩れや川が氾濫して、必ず被害が出る。しかし、八重山で犠牲者が出た話は聞いたことがない。

ところが、ひとたび大雨が降ると、名蔵湾が真っ赤に染まる。造成した農地から赤土が流出するのだ。ひどいときは一週間も海が濁っている。以前はシロアンボイナやタガヤサンミナシのような珍しい貝も多かった。しかし、今はまったく採れなくなった。

冬には、魚が凍死する。本当は凍死でない。亜熱帯の海で凍死などありえない。ただ、八重山では「凍死」と呼んでいる。

八重山の冬は、どんより曇っている。毎日、雨まじりの北東の風が吹く。風は冷たく、普段二〇数度ある海水が、表面では二〇度を切ってしまう。こんな時、リーフに棲む魚は、タイドプールの底でじっとしている。

ところが、にわかに風が止み、ポッと青空がのぞく時がある。魚は一斉に活動を始める。そんな時、凍死が起こる。風が止んでも晴れなければ、魚は動かない。青空に惑わされ、水面近くに来たところで、温度差にやられるみたいだ。病気でも、毒物による死でもない。おびただしい数の魚がもがき苦しみ、やがて死んでゆく。私は二度、名蔵湾でそんな光景に遭遇した。

生温かな深夜、山中で女性に会う

バイクでの通勤。朝は早出。逆に夜は遅い帰宅が多かった。下宿で待つ人もいないから、学校が退けてから海へ行ったり、農道や林道を走ったりした。カメラを持って山へ入ることも昆虫採集することもあった。星の写真を撮ったり、暗室で写真現像するときは、そのまま学校に泊まった。しかし、部落会長の金城誠禄《きんじようせいろく》さん、PTA会長の下地恵厚《しもじけいこう》さんの家で一杯ご馳走になった夜は、遅くなってもバイクで帰宅した。昔も今も厳しく禁止されているが、酒酔い運転だ。

崎枝を出たのが深夜二時近く。その夜は飲んでいない。何故、遅くなったのか今となっては記憶にない。星のない夜だった。いつも通りシーラから名蔵をまわる帰路をとった。

バンナ山塊に入る。ライトで前が見えるだけで、他は漆黒の闇だ。エンジンの爆音がいつもより大きく聞こえる。生温かな風。それに、気のせいか、なかなかスピードが出ない。後ろから引っぱられているようで、何度も振り返ってしまう。何となし嫌な気分。

峠を越えた。しばらくはギンネムの林が続く狭い道だ。森に遮《さえぎ》られ、まだ町の灯りは見えない。しかし、ようやく嫌な気分から解放された。

「あとは下るだけだ」。そう思った直後、左側のギンネムの陰に白っぽい人らしい影が見えた。しかし、バイクはすでに加速しており、一瞬のうちに通り過ぎてしまった。

「おや、こんな時間に」。深夜二時。町から二キロも離れた山中だ。ただごとではない。何か起こったのだろう。ブレーキを踏んだ。すでに一〇〇メートルも過ぎてしまったが、私は引き返した。

現場へ着いた。峠から二〇〇メートル下ったあたりだ。やはり、人である。しかも女性だ。身長一五五センチ、やせ形、まずまずの美顔。白い洋服を着ている。

「四箇へ帰ります。よかったらどうぞ」。私はバイクに乗るよう促した。だが、その瞬間、私は身の凍る思いをした。女性は顔面蒼白。まばたき一つしない。食い入るように見る目には殺気さ

夜の名蔵湾とバンナ山塊。山の向こうが石垣市街。
山頂の二つのライトの間が川良山の山越え。
空の白線は星（シャッター開放一時間）。

え感じられる。しかし、事件に遭った様子はない。

「まずい」。尋常ではない。接近しすぎたことで、私は恐怖さえ覚えた。彼女とは一メートルも離れていないのだ。

アクセルを踏み、私はすぐ現場を離れた。いや、逃げ去ったと言うのが正しい。

「何だったのだ。幽霊か?」。そんなもの、いるはずがない。

「気がふれた人間か?」。そうかも知れない。

五〇〇メートルほど下ったところで、再び人影を見た。ギンネムの薮の中、隠れるように脇道に立っている。今度は男だった。

「そういうことだったのか」。二人は恋仲か何かで、デートで川良山へ来た。そのうち別れ話かケンカになり、女がすねていた。私は勝手に解釈し納得した。ただ、気になることがある。途中に車もバイクもなかった。人間、深夜の闇の中を、あそこまで歩いて行く気になるだろうか。

何日も経ったある日。下宿先の家に近所の人が集まった時、その夜の事を話してみた。軽い茶飲み話のつもりだった。

「幽霊ですよ。あそこは出る場所です」。「女の幽霊と決まっていてね。拐《かどわ》かされて行方不明になったり、とんでもない場所で発見された人もいるよ」。昔から、あのあたりは「幽霊の本場」として知られているそうだ。

「でもね、嵩原《たきばる》まで来れば大丈夫だって」。川良山の幽霊は、執拗に追ってくるが、嵩原まで逃げることが出来れば、自然に消えてしまうそうだ。嵩原とは、現在のマリヤ牧場の下あたりだ。

昔はそこまで森林があり、それより下は畑が広がっていた。

昼休みだったか、同僚にも同じ話をした。

「会いましたか。良く聞きますよ」。下野さんが言った。

「私も聞きましたよ。川平まで客を送ったタクシーがね、夜中に通ったんですって。安間さんと同じあたりですよ。女性が立っていて、四箇までの約束で乗せた。ところが、町へ着いたら女性は消えていて、座席が少し濡れていたそうです」。大浜勝利さんの話だ。でも、そんな話はどこにでも良くあるし、具体的にどこのタクシーで、運転手が誰という話ではない。それに対して、下野さんの話は、ちょっと怖い。

「僕はね、その幽霊はみていないが……。まだ、バイクで通勤していた頃ですがね、学校を出たものの、そのまま訳が分からなくなってしまった」。あとから分かったことだが、その日は家に帰らなかった。

「気が付いたのは朝で、畑の脇で倒れていました。ほこりだらけでね、ガソリンは空っぽ。よほど走ったんだなあ」。燃料から計算すると、一〇〇キロ以上も走ったみたいだ。本人はまったく記憶がない。よく事故も起こさず走り続けたものだ。下野さんは、何かに取り付かれたんだろうと言っていた。しかも、同じようなことが、二度もあったそうだ。

私は、今でも川良山で見たのは人だと信じている。当時は誰に話しても、「幽霊」という言葉しか返ってこなかった。しかし、さすがこの時代となると、そんな話さえ出ない。

その頃、大家さんの家で、奥さんの体調がすぐれない日が続いた。元気がなく、いつもふさぎがちで、家事も手に付かない。周囲が心配して病院へ行かせたが、別に悪い所もなかった。本人も、「病気でない」と言う。しかし、始終「だるい」「頭が重い」「眠れない」などとぼやいている。

ここからが、八重山らしいところだ。

「それでは」と、長女が霊媒師を呼んだ。長女は、そういう世界をあまり信じていない。ただ、教え子に霊能力を持った者がいて、たまたま石垣島に帰っているから、診てもらおうということになったわけだ。

長女は教員をしている。以前の中学の教え子が、高校卒業後沖縄へ出て運転手になった。仕事も順調で、次第に道も覚えていった。ところが、しばらくして不思議なことが起こった。新しい道が見えたので、そちらを通ろうとハンドルをきる。ところが、その瞬間、道がなくなり、断崖絶壁の先に海があった。そんなことがちょくちょく起こるので、怖くて運転手をやめた。その頃から、自分には「人に見えないものが見える」と感じ、本職ではないが、頼まれれば透視もするようになったそうだ。以上は、母を診てもらった後、長女が直接本人から聞いた話だ。

霊媒師は、大家の奥さんを診るなり、「魂がない。落としてきた」と言った。驚いた長女が、「どこで」と尋ねると、霊媒師は目を閉じて透視を始め、やがて、奥さんの魂が落ちている場所を読み始めた。

「とうきょうと。……何て読むのかなあ。れんまく」。

った。


「ねりまく。じゃないの?」。長女が言うと、「ああ、そう」と納得して続けた。

「なかむらみなみ。いっちょうめ……」。霊媒師は町名と番地はおろか、アパート名まで言い切った。

長女は驚いた。一瞬、何が起こったのか分からなかった。霊媒師が読み上げた住所は、現在、長男と次女が暮らしているアパートだ。しかも、住所に寸分の誤りもない。

大家さん夫妻は約半年間、東京へ行っていた。もちろん、練馬区中村南。息子たちのアパートで暮らした。

石垣島へ戻って、すでに三ヶ月以上たつ。その間、大家さんには特に異常ない。しかし、奥さんは、帰島後まもなく体調を崩し、未だにすぐれない。

その後、霊媒師は、何やら祈禱を続け、やがて、「呼びましたよ。魂は戻りました」と告げた。

霊媒師は、しばらく身の上話をした。そして、「お母様は、じきに回復しますよ」と言って帰って行った。

数日後、奥さんは何事も無かったように、普段の生活に戻った。いぶかしがる私に、長女がいきさつを話してくれた。残念ながら、私は霊媒師が来たとき、留守にしていたのである。

その後、私にも霊媒師の力を信じるに足る事件が起こった。

退職して二年目の夏、御神崎へ行った。途中で仲嶺亨《なかみねとおる》君に会った。彼は豊《ゆたか》の弟で、私が崎枝校にいた時、中学一年生だった。彼を誘ったら、「行く」と言った。他の生徒には会わなかったから、二人で出掛けた。

二人とも泳ぎは得意でなかったから、やっと背がとどくあたりで魚を突いた。その後、御神崎の一番北に突き出た岩礁へ移動した。目的はハチジョウダカラ。ハチジョウダカラは外洋に面した岩場にだけ棲息する大きなタカラガイだ。大潮の干潮時に、やっと水面上に出る深さにいる。北の岩礁は、手前の大きな岩礁とつながっている。境目は幅一メートルの溝で、急な滑り台のようだ。しかも、奥まった所だから、普段の波でも、ここだけはドーンと大砲のように突き上げてくる。御神崎一帯で一番危険な所だ。

波の合間をぬって、私が渡った。さっそく貝を探す。

しばらくして後ろを見たが、亨がいない。多分、溝で探しているのだろう。あそこは、ジンガサウニなど八重山でも珍しい生き物がいる。ハチジョウダカラもいるはずだ。

ところが、一五分たっても亨が来ない。私は心配になって、戻ることにした。

岩礁の大きな出っ張りをまわると、亨がいた。全身血だらけ。オロオロして、今にも泣き出しそうだ。

「どうした。亨」。肩から足まで血が流れ出ている。しかし、たいした傷ではない。私は一安心して尋ねた。

「流された」。亨は、寒くないのにブルブル震え、ほとんど泣き声で話す。亨は、溝を渡る最中、すべって波にさらわれた。その時、カキや岩角で、したたか怪我をしたようだ。

「どうやって、上がってきた？」。私の問いに答えないで、亨は「帽子、帽子」と、海を指さす。一〇メートル沖に白い野球帽が浮いていた。

「捨てちまえ。俺だって取れないよ」。そうこうするうち、亨はようやく落ち着いてきた。一度海に落ち、次の大波で打ち上げられたそうだ。相当痛い思いをしたみたいだ。だが、奇跡に近い。よく、戻って来れたものだ。

そんなことがあって、二人は早めに帰ることにした。しかし、亨はすっかり気落ちしていて、なかなか足が進まない。

もうじき崎枝の五班という時、一〇人ほどの一団がやって来た。かつての教え子も二人混じっていた。

「どこへ行くの」。そう尋ねると、意外な返事が戻ってきた。

「先生。亨、大丈夫か？」。何故、知っているのだろう。私は不思議に思った。

「島尻《しまじり》のおばあがよ、『亨が怪我した』と言うからさ、助けに行くところさ」。ますます分からない。亨の怪我をどうして知ったのか。私は詳細を聞いてみた。

一団に背の低い老婦人がいた。それが島尻のおばあさん。普段から霊能力があるそうだ。昼頃、おばあさんは何か異変を感じ取った。さっそく透視すると、御神崎で亨が怪我をしていた。すぐ、となり近所に連絡し、集まった人だけで出掛けて来たところだった。

亨は、私の教え子だ。だが、それは二年も前だし、今は子どもではない。たいした傷でもないから、私は誰にも話すつもりはなかった。しかし村では、とうに分かっていたのだ。

怪我の程度を見て、一〇名の救援隊もホッとしていた。それにしても、霊能力者を間近で見たことは、私にとって大変な驚きだった。

公務員採用試験、崎枝へ来る前のこと

一九六五年、私は、初めて八重山を旅行した。大学三年生の時で、ちょうどイリオモテヤマネコが発見された年だ。この旅は、私の人生に決定的なものを与えた。それは西表島との出会いである。

私は小さい頃から生き物が好きだった。将来、動物学者になりたいと思った。しかし家の事情があり、大学は法学部へ進んだ。

ところが、西表島は完全に私をとりこにした。「一生と言わないまでも、西表島で研究をしたい」。私は、青春を西表島に賭けてみようと思った。

法学部を出た後、大学へ再入学し、生物学を専攻した。同時に、「研究と生活を支えるため」、教職に必要な科目も履修した。

時代は沖縄の祖国復帰前、アメリカ施政権下である。当時、沖縄（琉球政府）の公務員試験は誰でも受験出来た。しかし、実質は沖縄の人でなければ就職出来なかった。「三月末時点で沖縄に本籍を有すること」という条件があり、それでいて移籍は認められなかったからだ。

しかし、何もしなくては始まらない。とにかく受験だ。一九六九年秋、私は東京会場で一次試

験を受けた。分野は高校教員である。結果は、幸いにも合格。二次試験は翌一九七〇年一月五日、那覇会場と決まった。

　前年一二月三〇日。「波の上丸」で那覇に着いた。その年最後の沖縄航路である。ところが、予期せぬトラブルが起こった。上陸できないのだ。私は数次パスポートを持っていた。だから、期限内なら何度でも行き来できると思っていた。それは正しい。だが、渡航のたびにビザが必要だというのだ。ただ、東京の竹芝出港の際は指摘されなかった。これは、私に運があったということだ。係官は「琉球政府に権限がない。正月明けまで待て」と告げ、ひとまず仮上陸させてくれた。

　一月四日、約束の場所へ出頭した。係官は、私を浦添《うらそえ》にあるアメリカ民政府へ連れていった。直談判すると言うのだ。アメリカ高官は相当の人物らしかった。あるいは、高等弁務官だったのかも知れない。彼の署名で即オーケーとなり、私は翌日、予定通り受験することが出来た。

　那覇では、居酒屋「うりずん」の店主、土屋《つちや》實幸《さねゆき》さんのアパートで世話になった。ところが、彼は新婚一ヶ月。そのため私は、「この非常識者が」と、後々まで仲間からののしられることになる。

　一月末、「合格。最終試験は二月二三日、那覇にて」という通知が届いた。

「えっ、まだあるの」。これには困った。「はい、うかがいます」という状況ではないのだ。ビザの準備、船なら日程を組む必要があったし、あるいは飛行機代を工面しなければならなかった。

　それに、もっと重要なことが重なっていた。移籍実現のため、区役所の戸籍課を訪ねたり、沖縄のアメリカ高等弁務官に手紙も書いた。最終試験を挟んで、大学の卒業試験もある。どうしても、東京を離れることが出来ないのだ。

その時、土屋君が一肌ぬいでくれた。琉球政府文教局を何度も訪ね、最終試験は「代理人でも可」という承諾を得てくれたのだ。最終試験は、配属先決定の参考となる面接だったようだ。

代理面接を受けた土屋君が、直後にくれた手紙が手許にある。

「朝から落ち着かず、三〇分前には文教局に着きました。試験というのは何度経験しても、いやなものです。係官はしばらく資料を探していましたが、『安間君はもれています。来年度、八重山では採用予定はありません』との一言。その言葉に、僕は無性に腹が立ってきたので、安間君の生物と沖縄へのひたむきな熱意をとくと訴えました。いたりませんで、本当にすみませんでした」と、ある。土屋君、ありがとう。心配かけて申しわけありません。

手紙は、「中学校でしたら、就職出来る感触を受けました。安間君、卒業したら必ず来てください」と結ばれていた。

私は土屋君の励ましに希望を持った。まずは卒業と、卒業試験を文句なしの成績でクリア。難関であった沖縄への移籍も実現させた。

本籍は日本国内であれば、自由にどこに定めても良い。しかし、当時は沖縄がアメリカの施政権下にあり、沖縄の人と結婚した女性以外は日本本土から沖縄への移籍は認められなかった。唯一、男性が移籍出来る方法は、沖縄の人の養子になることだった。幸い、私の希望を理解してくれる人が現れて、私はその人と養子縁組をした。しかし、それとて簡単なことではない。アメリカ高等弁務官あてに、詳しい理由書をつけて移籍の申請を辛抱強く続けたのである。書類は、親しくしている一〇才上の従兄に見てもらったが、「幼稚な英文だな」と笑われたりもした。

初登校の日、自己紹介で自分の名前を間違えたと書いたが、どちらの姓を名乗ったら良いのか、迷ってしまったのだ。

将来、安間に戻ることがはっきりしているのだからと、校長と教育庁のはからいで、私は崎枝での一年間、公的な書類を含めてすべて安間の姓で通した。ただ、戸籍上は結婚するまで別の姓を名乗っていた。

こうして、私は石垣島へ渡り、中学教師として採用され、崎枝中学校に赴任したのである。

昔の町並みを残す住宅街

このところ、毎晩オオコウモリがやって来た。熟したフクギの実を食べに来るのだ。フクギは、大木となって屋敷林を成している。オオコウモリは、宵のうちはいないが、深夜、庭に出ると、人の気配を察して、バサッと音を立てて飛び立った。

地面を見ると、にぶい光を放つものがある。ライトをあてると、黒いウジ虫のような生き物だった。三センチもある大きな虫だ。初めて見た時は、手で触れるのにちょっと勇気が必要だった。

これは、オオシママドボタルというホタルの幼虫だった。

アフリカマイマイもいる。バイ貝を巨大にしたようなカタツムリだ。アフリカ原産だが、一九世紀に食用としてアジアに移入された。石垣島へは一九三六年（昭和一一年）、農家の副業として台湾から導入されている。現在は養豚や養魚の飼料として活用されつつあるらしいが、農作物に大害を及ぼす厄介者だ。見つけ次第除去するが、狭い庭でも根絶が難しい。夜になると、どこからか出てきて、野菜を食い荒らす。

フクギは台湾やフィリピン原産の常緑高木で、「果物の女王」と言われるマンゴスチンの仲間だ。葉が肉厚で塩害に強く、沖縄では防風林、屋敷林として昔から植栽されている。

フクギは一〇メートル以上の高さに成長し、母屋をすっぽり包み込むようになる。積み上げた石垣と、うっそうと葉をつけたフクギで、普通、母屋は道からは見えない。

フクギは五月頃、クリーム色の小さな花を付ける。花はホロホロとこぼれ落ちるが、庭と、石垣を越えて外側の道を覆いつくす。じゅうたんを敷いたように、うっすらと黄緑色に変わった道は、土足で歩くことを躊躇してしまうほど軟らかく美しい。

フクギは六月に結実する。実は直径六センチ。初めは緑色だが、熟すとダイダイ色に変わる。一見カキの実に似ている。

フクギの実が熟すと、オオコウモリが住宅街までやって来る。八重山のオオコウモリは、クビワオオコウモリという種類だ。クビワオオコウモリは南西諸島と台湾に分布し、五亜種に分類される。沖永良部島《おきのえらぶ》のエラブオオコウモリ、沖縄島のオリイオオコウモリ、大東島《だいとう》のダイトウオオ

クビワオオコウモリ。上は十三夜の月。

コウモリも同じ種類だ。八重山産の亜種はヤエヤマオオコウモリと呼ばれている。頭から尻まで二一センチ、両翼を広げると八〇センチにもなる。

オオコウモリの仲間は、すべて有視界飛行を行う。小型の食虫コウモリのような超音波装置を持っていない。そのため目が大きく発達し、一見、キツネやタヌキのような顔つきだ。飛び方も、小型コウモリのような敏捷な動きではなく、ちょうど、ねぐらへ帰るカラスのような羽ばたきをする。

食べ物は専ら植物質で、果実の結実に合わせて小移動する。人里へ来るのは、おもに夏。フクギやバナナの実、ビロウやリュウゼツランの花などが目当てだ。山ではイヌビワ、シイ、カシの実などを食べている。果実はいったん口に含み、液をしぼり出して飲み込む。口の中の残渣《ざんさ》は、はきすてるのが普通だ。

人里へ来ても、明け方にはねぐらへ帰る。ねぐらは、山や沢筋の森林にある。日中は、体をくるむように両翼をたたみ、木に吊り下がって眠っている。バンナ岳の森に入ると、そんなオオコウモリを見ることがある。近づきすぎると、あわてて飛び去った。

一度、フクギの木に、ツマグロスズメバチが巣を作った。気付いた時は、直径五〇センチを超す巨大な巣になっていた。

ツマグロスズメバチは、沖縄島以南の南西諸島、台湾、東南アジアに分布する大きなハチだ。八重山には普通にいる。巣は生垣、原野、山麓部の林、耕作地などに作る。人が遭いやすい所だから、始末が悪い。さされるとかなり痛い。私も何度か襲われた。

ツマグロスズメバチの巣。後日、私が取り払った。

「危ないから除去してくれ」。大家さんに頼まれた。仕事というより、私は、こういうことが大好きだ。本当は、ハチでもハブでも、そのままにするのが私の主義だ。しかし、ここまで母屋に近いと、放置する訳にはいかない。夜を待って、さっそく作業にかかった。標本にするつもりはない。だから、たいまつを作って焼く作戦に出た。ところが、フクギの葉が密生し、火がハチの巣に届かない。一日目は、ノコギリで下側の枝を切り落とすだけで終わった。ハチが興奮して出てきたが、暗いから大事に至らなかった。

次の夜は、徹底して火攻めにした。すぐに燃えそうな巣だが、なかなか火がまわらない。ところが、下側に穴が開くと、ハチがボロボロと落ちてきた。翅《はね》が焼けており、もはや飛ぶことが出来ない。

小一時間あぶると、もはや、ハチは出てこなかった。焼け残った巣はそのまま放置した。翌日も、ハチは現れなかった。しかし、どこへ逃れたのか、大家さんの長女が残党に二ヶ所刺された。申し訳ないことをした。

フクギの木には、キノボリトカゲがいた。庭にはキシノウエトカゲ、イシガキトカゲ。たまにセマルハコガメがいた。

ホオグロヤモリは家の中にいた。夜も更けると、チッチチッチチッと鳴いていた。天井や電灯の笠に止まっていて、よくフンを落とした。

「目に入ると炎症を起こすよ」。気をつけるように言われたが、私はそれほど鈍くない。

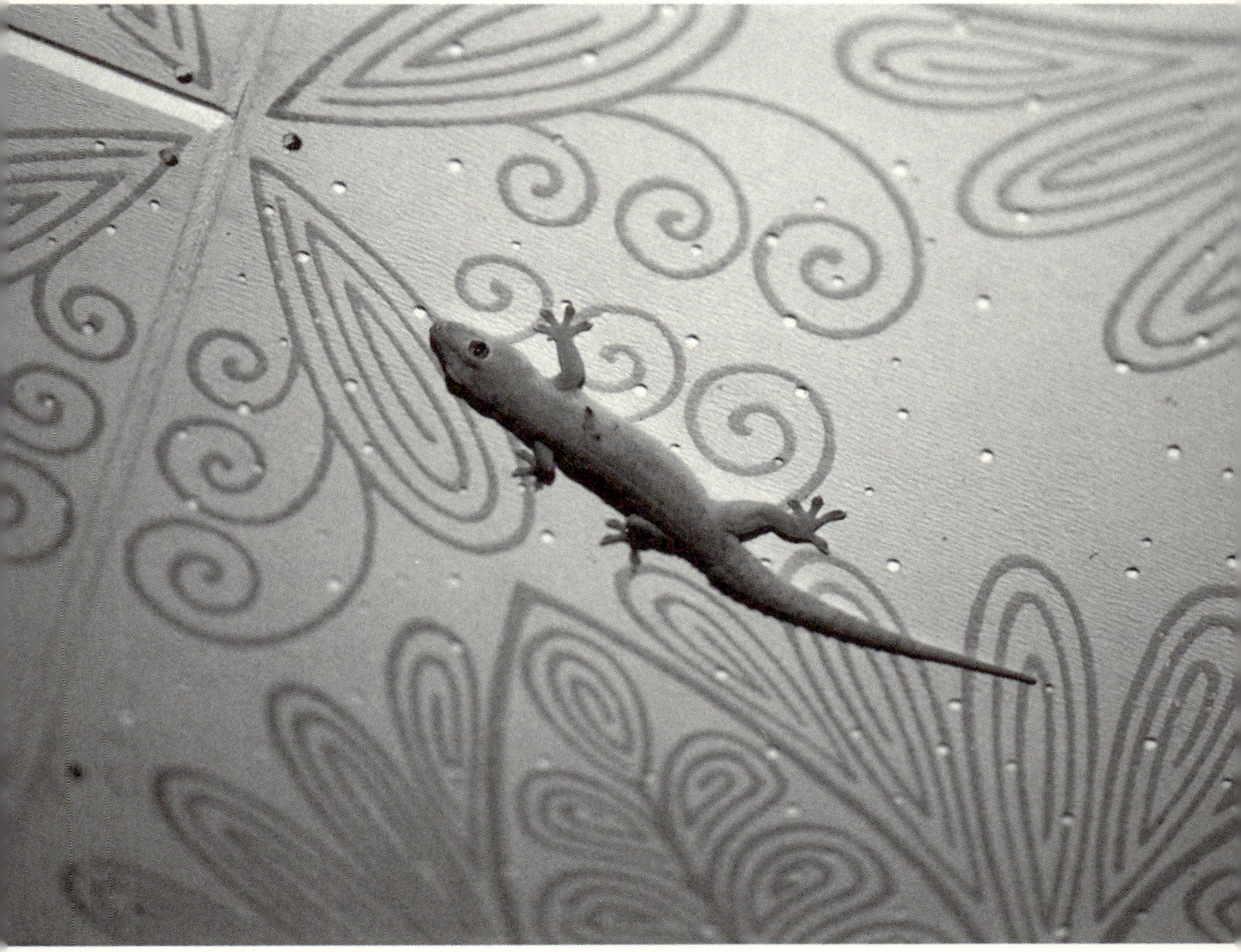

ホオグロヤモリ。天井に張りついている。

私は、字石垣という、四号線道路の北側に下宿していた。四箇と呼ばれる石垣島旧市街の一つで、古い町並みが残る住宅街だ。

道は東西に走るものと、南北に走る道がある。道が作られたのは、車などないずっと昔のことだ。道は狭く、車同士のすれ違いは出来ない。道は舗装されていないが、浜から持ってきた白砂を敷き詰めてある。

四辺の道に囲まれた一ブロックに、平均五軒の家がある。家は横一列に並んでいる。つまり、どの家も前と後ろが道、両端の家は、前後と側面の一方、つまり三辺が道に面している。

それぞれの家は石垣で囲まれている。石垣は基部で厚さ一メートル、上部で厚さ五〇センチ。高さ一・五メートル。家によっては二メートルの石垣を組んでいる。上面が平らとは限らないが、立って歩くことも可能だ。

正門は、決まって南に向ける。だから、方向を表す時、南を「前」、北を「後ろ」と呼ぶ。東と西は、そのままだ。つまり、左側はつねに東、右側は西となる。

例えば本土の場合、道を尋ねると、「次の角を右へ曲がって」と言う。同じ道を逆から来れば、「左へ」となるわけだ。しかし、石垣市街では、「東へ」あるいは「西へ」と答えが返ってくる。方角が分からない観光客は理解できない。しかし、町の人にとっては、どちらから行こうが、東と言われれば、それで分かる。家が南向きと決まっているからだ。これは、実際に住んでみると、結構便利な表現だ。

人の家を訪ねる時、正門から入っても、直接、母屋へ向かうことは出来ない。門を入ると、正

石垣四箇の住宅街。石垣の外側にも草花が植えられている。

面に中城《なかぐすく》またはヒンプンと呼ばれる目隠しがある。中城は石か生垣、最近ではブロックを積み上げた衝立《ついたて》になっている。母屋へは、この衝立を回って行くのである。

青空をバックにした赤瓦の屋根。瓦は一枚ごと漆喰で固定されている。年数が経つと、屋根瓦はくすんだ赤茶色に変化。黄土色の漆喰は白色に変化する。各家の微妙な色の違いが、屋敷林の濃い緑色と調和し、落ち着いた町並みを醸《かも》し出している。

私が生活した頃は、夏の昼下がりには人影も絶えた。時代を忘れるほど、のどかな住宅街であった。最近は石垣がブロック塀に替わり、母屋も鉄筋コンクリート造りに替わった。昔ながらのおもむきが無いのは残念だ。これも、時代の流れで、仕方ないことなのだろう。

裏石垣と呼ばれる地域は、西表島と同様、何百年も強制移民による新村の建設と、マラリアによる廃村が繰り返された地域である。

現在の官庁街と飲食店街は、埋立地に開かれた町だ。私の教員時代は美崎町が出来た直後で、八島町、新栄町、浜崎町は、まだなかった。

さらに遡ること五年。私が初めて石垣島を訪ねた一九六五年は、埋め立てもなく、現在の市役所通りの山側にあたる歩道が、海岸線だった。コンクリートの護岸があり、その内側に車の通ることが出来ない狭い道があった。護岸には、夕方になると決まって青年が座り、ギターを弾いていた。

私が訪ねたのは一九六五年七月。沖縄からの連絡船は直接、桟橋に接岸した。しかし、二ヶ月前までは、船は沖合に停泊。乗客や荷物は、はしけを使って船と岸を行き来したそうだ。

伝統的な石垣と赤瓦の人家。私は、この家の離れに下宿していた。

一九六〇年代後半、埋め立てが始まった。最初の工事は、海岸線を底辺とし、海に向かって三角形の護岸を築いた。護岸に囲まれた三角地帯が現在の美崎町だ。巨大ポンプを使い、一方では、三角地帯からの排水。もう一方では、海を浚渫《しゅんせつ》し、浚渫した土砂を三角地帯に埋めた。

三角地帯では、日に日に白砂の大地が広がっていった。何もない工事現場で、日中は、まぶしくて、まともに目を開けることができない。それでも私は、時々その白い砂漠へ出掛けた。土砂の中にたくさんの貝が含まれているのだ。これは、楽しかった。普段、なかなか探すことが出来ない貝も多い。チョウセンフデやタケノコガイなどもあった。ただ、鉄パイプやポンプを通ってくるあいだに傷ついて、私は、何一つ、標本にすることが出来なかった。


沖縄関係の歴史書に、七一四年（和銅七年）、奄美《あまみ》、信覚《しがき》、球美《くみ》人などが大挙して大和朝廷にのぼったと書かれている。この中の「信覚」は、石垣島だというのが通説だ。八世紀、すでに秩序だった村落形態が出来上がっていたということだろう。しかし、その時代、八重山は独立した酋長国であった。

一三九〇年代、八重山は琉球国に朝貢し、琉球の属国になった。その後一五〇〇年代、琉球王朝の役人であった西塘《にしとう》が、それまで竹富島にあった蔵元《くらもと》を、石垣島へ移転させた。以来、石垣島は八重山諸島の政治、経済、文化、交通の中心として今日に至っている。蔵元は、当時の八重山を管理する行政官庁であった。

一七七一年（明和八年）、石垣島南東で地震が発生。直後、大津波が八重山諸島を襲った。石垣島では、総人口二万八九九二名のうち、三二パーセントにあたる九三一三名が死亡した。四箇では、四号線道路のすぐ下まで津波が来た。当時すでにあった桃林寺などが、被害にあっている。私が住んでいた一帯は高台で、津波の被害がなかった地域だ。しかし、裏手の低地は、大浜から下田原に向かって津波が通りぬけている。

地震が起こった後、津波が来るからと、避難命令が出た。バンナ岳へ逃げろという指示だった。四箇の人たちは、ほとんど手ぶらでバンナ岳を目指した。長い人の列が出来たそうだ。そこへ、津波が押し寄せた。低地を横断していた人たちは、ことごとく波に呑まれた。幸いにも、山麓の嵩原《たきばる》に達していた人たちは助かっている。さらに、逃げ遅れて四箇の高台にいた人たちも助かった。

八重山の人は、概してのんびりした性格だ。時間もあまり気にしない。何事もスローである。しかし、四箇で生活すると、そんな中にも極端な二つのタイプがあることに気付く。一つは、物事を十分に理解しないまま行動に移すタイプ。もう一つは、慎重の上に慎重を重ね、結果として、ほとんど何もやらないタイプだ。八重山に限らず、全国に見られる両極かも知れないし、私は、どちらが良いと言うのではない。ただ、今いる人のご先祖様たちは、そのいずれかだったのに違いない。つまり、明和の大津波で、嵩原まで逃げ切ったのが前者の先祖、逃げ遅れて助かったのが後者の先祖だ。中間的な性格の人は、皆溺れ死んでしまった。このように考えると、人間の極端な二つのタイプについて納得しやすくなるのではないか。しかし、これは私の冗談だから、気にしないで欲しい。

収穫は何でも肥料袋いっぱい

一学期も終わりに近い頃、私は校庭の隅で、数人の生徒と雑談していた。

「先生。俺、沖縄へ行ってみたいさ」。野里孝吉が言った。孝吉が言う沖縄とは沖縄島のことだ。離島の生徒にとって、沖縄島はあこがれの大都会なのである。

「父ちゃんに話したらよ、自分で船賃かせいだらよ、連れてくって言っとった」。秀男が付け足した。秀男は孝吉の弟だ。

二人は夏休みに沖縄へ行きたかった。それで親に話してみた。父親は、「うん」とは言わないが、「だめだ」とも言わなかった。しかし、拒否したのも同じだ。子どもが、簡単に金を稼ぐことなど出来ることではない。一方、二人は親の言葉を真に受けている。この夏は沖縄へ行くつもりだ。

「ハブ売ったらいいさ。酒屋で買ってくれるぞ」。新崎功が言った。彼は、今、石垣四箇に住んでいる。少しは町の情報に詳しい。彼は三年生の半ば、家族と一緒に町へ引っ越した。ただ、中学は崎枝で卒業すると、毎日バスで通っている。

八重山の場合、ハブと言っても正確にはサキシマハブだ。それはともかく、ハブを買い取る造り酒屋がある。ハブ酒を造るためだ。ハブ酒は、内地のマムシ酒と同じで、滋養強壮の薬とされている。

「ユクシー（うそでしょ）」。孝吉が疑い深く尋ねる。

「いや、うそじゃなさ」。

「本当か？」。孝吉の目がにわかに輝いた。

「本当さ。みやげ屋だったら、ヤシガニやアーマンも売れるぞ」。アーマンは小さなヤドカリのこと。町の土産店では、ヤシガニは剝製、アーマンはペットとして売る。どちらも、生きたものを持って行けば、買い取ってくれると功は言うのだ。

「よう、孝吉」。秀男は兄を、そう呼んだ。「前嵩《まえたけ》の下の浜よ。ヤシガニがいっぱいおるさ」。

「そうだな。行くか、今度」。二人は真剣だ。孝吉が私を見た。目には、ゆとりさえ感じられる。もう、沖縄行きが決まったかのように笑う。

数日後の土曜日、珍しく二人そろって学校を休んだ。多分、ヤシガニを捕りに、海へ行ったのだろう。

ヤシガニは大型のヤドカリだ。クモを巨大にしたような形で、暗がりで初めて見たときは、ちょっと驚く。全体青紫色で、成長すると体重一キログラムにもなる。

稚ガニの時は、ヤドカリと同様、貝殻をかぶっている。しかし、大きくなると貝殻を捨てる。貝殻を捨てることで巨大になれたのか、大きくなり過ぎて、体に合う貝殻が見つからないのか、私は知らない。

ヤシガニは与論《よろん》島を北限とし、インド洋と太平洋の島々に分布。海岸近くの岩場やアダンの林に住んでいる。完全な夜行性で、日中は隆起サンゴ礁の岩の割れ目などに潜んでいる。活動は、完全に暗くなってからで、アダンの木に登って果実を食べていたりする。だからヤシガニ捕りは、夜九時をまわった頃から海岸を歩き、岩場やアダンの木を丹念に探すのがコツだ。巨大なはさみを持ち、うっかり挟まれると死ぬほど痛い目にあう。

カニやザリガニの抜け殻を見たことがあるだろう。甲殻類は、脱皮して成長する。ところが、ヤシガニの抜け殻を見ることはない。脱皮は越冬中に砂の中で行われる。この間、皮膚が剝げるよう脱皮するから、完全な形の抜け殻は残らないのだ。

ヤシガニのことを、広く八重山では「マッコン」。西表島西部では「モーヤン」と呼ぶ。崎枝の生徒は、普段は「ヤシガニ」と言うが、「マクガン」と呼ぶこともある。両親の郷里である宮古島、多良間《たらま》島の方言だろう。

最近は郷土料理店や民宿でヤシガニを出すこともある。美味かどうかは、個人の好みだ。私はうまいと思わない。ただ、ヤシガニは、まれに毒化したものがいるから注意が必要だ。戦前の川平では、ヤシガニを食べて人とブタまで死んだ記録がある。

カニやエビは、茹でると赤く変色する。ヤシガニも同じだ。ところが、毒を持つヤシガニは、茹でても手足の節が青色のままだそうだ。本当かどうか、私は見ていない。

月曜日、登校途中で野里兄弟に会った。

「どうだった、捕れたか?」。

ヤシガニ

「うん」。やはり、そうだったか。学校を休んでまで。

「金曜日の夜よ、捕りに行ったさ。先生、たくさんおったぞ」。そう言って、二人が大笑いした。何か面白いことがあったようだ。

「肥料袋いっぱい捕ってよ、土曜日、売りに行ったさ」。

「オートバイでか?」。そんなことだろう。私が聞くと、頭に手をやって、孝吉がちょこんと首を傾けた。彼は無免許運転の常習犯だ。

「袋を開けたらよ、店の人が、『これは買えん』と、言いおった」。

「僕がよ、店の人だって、あんなの買わんよ」。また、秀男が笑う。ヤシガニがお互いに噛み合って体は傷だらけ、足はもげていた。到底、売りものにはならなかった。

「それでよ、帰りに名蔵で海に捨てたさ」。

「残念だったな。でも、本当に買ってくれるのか?」。私が尋ねた。

「うん、本当さあ。だからよ、土曜日の夜、また出掛けた」。ここが、二人のすごいところだ。やるとなったら、他のことは考えない。

「今度はよ、先生。でかいやつだけ選んださ。たくさんは捕らんかった」。二人の言い方は、何だか、置いてあるものを選んできたみたいだ。しかし、私には経験がある。ヤシガニは、そう簡単に捕れるものでない。二人は一晩中、崎枝から底地、川平半島まで歩き回ったのに違いなかった。

「良かったなあ。それで、沖縄は決まったのか?」。

「ああ、父ちゃん、目を回して驚きおった」。

「八月によ、連れて行くって約束したさ」。そう言いながら、なおも続ける。

「それでなあ、先生。沖縄では買い物もしたいからよ、今度はアーマン採りに行くさ」。

アーマンとは、特にオカヤドカリの小さな種類をいう。日中は海岸林の中で、倒木や石の下にかたまって潜んでいる。夜になると餌を求めて活動するが、その数のおびただしいこと。さながら、地面全体が動いているように見える。

オカヤドカリは現在、採集禁止である。以前は、東京でも縁日で売られていた。キュウリを餌に、ペットとして子供たちが飼ったものだ。

野里兄弟は、予定通りアーマン採りに行った。一晩で肥料袋一杯分を採った。

「重すぎてよ、歩けんかったさ」と、またまた、笑っていた。

孝吉は、山遊びにかけて誰にも負けなかった。秋だったか、孝吉と大宜見春全と一緒に、新しい林道へ入ったことがある。林道は崎枝を起点として於茂登岳に向かっていたが、三キロ進んだところで終わっていた。

孝吉の家は林道の入口にあった。孝吉が支度をする間、私と春全は家の裏へ行った。すると、驚いたことに、粗末な囲いの中に何十四ものセマルハコガメが飼われていた。

セマルハコガメは、背中が盛り上がったほぼ完全な陸生のカメだ。背中が丸いことは、陸に棲むことと関係している。体が扁平だと、仰向けから起きあがることが出来ない。ところが、背中が盛り上がっていると、逆さになっても必ず左右どちらかに傾く。この時、首を伸ばしながらひねると、簡単に起きあがることが出来るのだ。

セマルハコガメは、石垣島と西表島の山麓部から平地に棲む。川や沼近くのやや湿った所に多いが、市街地でも、昔からの住宅街には、ふつうに棲んでいる。森林の中では日中も活発に行動している。しかし、農道や耕作地など、ふだん陽があたる所へは雨天や雨上がりの時しか出てこない。雨上がりは一番、活発に動く時間帯だ。ミミズ、甲虫の幼虫、キノコ、落下した果実などを食べている。

石垣の人は、「ハコガメがいる所は、ハブが出ない」と信じている。庭で見つけると、敷地から出ないように周囲を工夫するし、他所で見つけると、捕らえて来て庭に放したりもする。もっとも、最近は、そのようなことをしなくなった。

「これ、どうした」。私の声が聞こえたのか、孝吉が出てきた。

「新しい道で捕ったよ」。カメは、すべて林道で捕らえた。雨あがりに、行ったり来たりするだけで、これだけ集めたと言った。一度で二〇匹捕った日は、肥料袋いっぱいになったそうだ。

林道をしばらく行ったら、サシバに遇った。半分、葉を落としたアコウの高い所に止まっていた。

サシバは、夏鳥として本州、四国、九州で繁殖するワシの仲間だ。大きさはトビと同じくらい。フィリピンやミンダナオで越冬するが、一〇月末から一一月上旬、南下の途中、八重山に大挙して渡来するのである。

「先生、サシバ欲しいか?」。意外な言葉に驚いていると、「いつでも捕れるさ」。と、またまた信じられないようなことを言う。「もう少したったらよ、マツの木にたくさん留まるさ。夜、捕るわけさ。簡単よ」。あと数週間で、渡りの最盛期になる。その時、木の梢に集団で留まって眠る。それを木に登って捕らえるのだそうだ。

私は孝吉の話から、八重山でもサシバが捕れることを初めて知った。サシバの捕獲といえば、昔から宮古島と下地《しもじ》島と決まっている。秋の渡りの時、宮古諸島に大挙して渡来する。しかし、宮古諸島には八重山のような山がない。そこで、サシバは村の屋敷林で夜を過ごす。この時、サシバを捕らえるのだ。

私はサシバを捕る場面を見ていない。しかし、時期になると「秋の風物詩」として、新聞、雑誌などに紹介される。記録映画で見たこともある。

まず、屋敷林の一角に特別なヤグラを建てる。上には、サシバが留まりやすいよう何本もの横木を渡してある。この横木から、たくさんの竹ざおが下がっている。この竹ざおの上端に鉤が付いている。

夜、横木にサシバが留まる。写真で見る限り、寸分の隙間がないくらい並ぶ。頃合いを見計らって、下から竹ざおをひねる。どこかに仕掛けがあるようで、竹は一斉に作動する。この時、鉤がサシバの足を絡《から》めてしまう。もはや、サシバは飛び立つことが出来ない。

市場ではサシバが大量に売られていた。食用である。また、当時は石垣島でも、サシバの剝製を飾っている家庭が多かった。

孝吉は、どんなふうにしてサシバを捕まえるのだろう。私は方法も、道具のことも聞き忘れてしまった。もっとも、私が、彼にサシバ捕りを頼むことはなかった。

土曜日の午後や日曜日に大崎へ行くと、よく、孝吉や秀男に会った。大崎は名蔵湾に突き出た岬。バス通りから八キロほど奥まった所だ。

孝吉の父親は農業をしていた。それだけでなく、舟で漁をし、魚を売ったりもしていた。二人は、父親の舟を勝手に持ち出して、遊んでいた。いつも、何人もの小学生を連れていた。皆、日焼けして真っ黒。彼らだけ見ていると、ここが日本だとは思えない。東南アジアのブギス族やバジャウ族といった海洋民族の村にいるようだ。

下地勝廣と弟の和男も、一緒にいることが多かった。家が大崎の近くにあった。

いつだったか、勝廣がオオイソバナをくれた。高さが一メートルもあり、枝が扇形に広がった見事なものだった。根元には石が付いていて、ずっしり重かった。三キログラムもあっただろうか。

イソバナは枝状の群体を持つ腔腸《こうちょう》動物、すなわちサンゴの仲間だ。「竜宮城」は、赤いサンゴの林の中にある。しかし、絵で見る限り、あれはサンゴではなく本当はイソバナだろう。

イソバナは、リーフの外側の深い岩に付着している。干潮時でも、決して海面に顔を出すことがない。普通、水深三〇メートルくらいのところだ。

「海で見る機会はないだろう。でも、本物を見てみたい」。常々、そう思っていた。勝廣は、私の気持ちを察してくれたのだろう。

オオイソバナ。勝廣と孝吉がとってきてくれた。

休みの日、勝廣は孝吉とハンマーを持って沖に出た。舟ではない。泳いでのことだ。屋良部崎の一キロ沖に群落がある。二人は以前から知っていた。

「先生、深い所さ。一〇メートルあるはずよ。岩がかったくて（固くて）、僕ら交代して、ちゃあ、ハンマーで叩いたさ。ようやく砕けおったよ。はあ、がーぶれたさ」。「ちゃあ」とは、「ただひたすら」とか「一生懸命」といった意味。「はあ、がーぶれた」は、「ああ、もう疲れ切った」という意味だ。

後は、交代で担いで来たそうだ。海の中に小山が幾つもある。てっぺんは水面から三メートルほど下だ。疲れると、イソバナをそこに置いて、泳ぎながら一休み。これを繰り返して運んできたそうだ。本当にごくろうなことだ。

シギノハシという二枚貝がある。太さも長さも、ちょうど大人の中指ほどで、暗褐色をしている。「シギのくちばし」みたいだから、その名がついた。図鑑によると、岩に穴を開け、その中に棲んでいるようだ。勝廣に話してみた。

「僕は見たことないけどよ、イソバナがある岩に、穴があるよ。それかも知れんね、先生」。彼はそれだけしか言わなかったが、それも、じきに採ってきた。岩を砕くのに、相当苦労したみたいだ。

シギノハシは、想像と違って、随分殻が薄かった。岩に入っているから、重厚な殻は必要ないのだ。手に入りにくい貝で、私はとてもうれしかった。

私は昆虫や動物を捕らえることに、多少の自信がある。八重山ではゴム管（パチンコ）で鳥を

大崎で遊ぶ生徒たち

撃った。それどころか、直接石を投げて、飛んでいるヨシゴイとミゾゴイを打ち落としたこともある。大人が自慢できることではないのだが……。

陸では、そんな「才能」がある。しかし、海では到底生徒にかなわなかった。生徒は、まるで魚みたいな泳ぎをするのだ。生徒の何人かは、リーフを歩き、崎枝湾を横断して川平半島へ渡る。途中、泳ぎもするが、大きなタコを必ず仕留めて戻る。

私が学校へ泊まる夜、数人の生徒たちは防水ライトを持って海へ出る。獲物はフエダイ、ブダイ、大型のアジの仲間。めずらしい貝を見つけると、それも持ってきてくれた。

春の遠足の日、私は、まだ一人として生徒の名前を知らなかった。生徒の名前は、授業が始まってから少しずつ覚えたが、あの日、魚捕りですごい腕前を見せた生徒が下地勝廣だった。弟の和男は高校を出て漁師になった。海にかけては兄より長けていた。何年間も、「水揚げ量八重山一」の漁師として、新聞に紹介されたことがある。

野里兄弟の沖縄旅行が決まった頃、私にも良い話が舞い込んだ。

「安間君、このまま崎枝で続投してくれないか」。意外だった。私は予定通り、七月末までの勤務だと思っていた。

「ぜひ、よろしくお願いします」。私も希望するところだ。それで、すぐにでも手続きを進めて欲しい旨、お願いした。すると、校長は、「もう、済ませたよ。君も崎枝に慣れたところだし、生徒もなついている。専属の先生と、先日会ってね、来年三月まで十分に療養するよう話してきた」と、言った。私が了解するものとして、専属の教師とはもちろん、教育庁ともすでに話し合って来たとのことだ。

「本人から、『安間先生にくれぐれもよろしく』と言付けがあったよ」。今年度一杯、すなわち来年一九七一年三月末まで、崎枝中学で勤務出来ることが正式に決まった。それだけでない。じきに迫った夏休みも、心おきなく有意義に過ごせそうだ。大変うれしい知らせだった。


夏休みに入ると、大家さん家族が本土旅行へ出掛けた。東京在住の次女に会い、その後、大阪万博を見る計画だそうだ。一ヶ月間、留守をするという。

私は、日中はほとんど毎日、海や山へ出掛けた。西表島へも二度、渡った。

私にとって健康で、平和で、心安らぐ八重山の日々であったが、夕方六時をまわると、決まって何本もの飛行機雲が南から北へ伸びていった。「ベトナム定期便」と呼ばれる米軍のB—52爆撃機で、毎朝、沖縄の嘉手納基地を発ち、ベトナムで爆弾を投下、夕方、戻ってくるのである。ベトナム戦争は、日本本土では直接関係のない他国の戦争だったかも知れない。しかし、沖縄は米軍の前進基地で、那覇軍港には戦車や軍用車がびっしり並んでいた。迷彩色を施し、これから戦地へ運ばれるものもあれば、破壊され、ベトナムから送り返された車両も多かった。帰還兵による犯罪は日常茶飯事だったし、ＬＳＴ（戦車揚陸用船艇）に雇用されてベトナムに赴く沖縄の人もいた。当時、ベトナムでは多くの人たちが死んでいった。

ベトナム戦争に比べたら取るに足らないことかも知れないが、石垣島でも痛ましい事故が起こった。確か六名の子どもたちが、島の一番北にある平久保崎で遭難した。五名は伊原間《いばるま》中学校の生徒、一人は小学生だった。

六名は沖合にある大地離《おおじばなれ》という無人島へ渡ろうと、大冒険を企てた。普段の干潮時であれば、不可能ではなかったはずだ。ところが、当日は台風の余波で風があり、波も幾分高かった。手作りのイカダはたちまちバラバラになり、子供たちは海に放り出され、そのまま流されてしまった。そして、必死の捜索も空しく、全員が還らぬ人となった。しばらくは、遺体すら見つからなかった。二週間近く経って、明石《あかいし》の東海岸で一体が見つかったが、体にはサメに襲われた痕が残っていた。

夏休み中の痛ましい事故に違いなかったが、もし、これが崎枝であれば、どうだっただろうと私は想像してみた。崎枝の生徒は確かに勇敢で度胸がある。しかし、天候を見て海を見て、おそらく無謀な冒険には出なかっただろう。それに、万一、出発して遭難したとしても、全員が自力で生還したに違いない。彼らは、そこまで泳ぎに長け、海につうじているのだ。

3　秋、新北風の吹く頃

手作りの卒業アルバム

ミーニシ（新北風）が吹いた。それまでの南風に代わって、北東の季節風がやって来た。ススキの穂が風になびき、めっきり秋らしくなった。

「日本政府からの援助物資だがね、見てくれないか」。校長から書類を渡された。どのページにも、ずらり教材名が並んでいる。供与から三年も五年も経っているものがある。

「あまり関係ないな」と、思いながら隣の倉庫に入る。大きな段ボール箱が山積みになっている。手前の一つ二つは、ふたが開いている。しかし、あとは梱包されたままだ。

そんな中で、私の目を釘付けにしたものがある。カメラ、三脚を含む撮影道具の一式。それに、フィルムの現像から写真の焼き付け・引き伸ばしまで可能な暗室セットであった。それらは、五つほどの箱に分けて納められていた。

さっそく、開けてみる。まったく痛んでいない。レンズのカビもない。これはすごい。すぐにでも使える。私は、とっさに卒業アルバムを作ろうと考えた。

崎枝中学は、現在の三年生が第一〇期生にあたる。しかし、少人数だから、これまで町の学校のような卒業アルバムを作ることが出来なかった。毎年二月に入ると、町から写真屋を呼んだ。教職員一同と、卒業生全員の計二枚の写真を撮り、卒業式に受け取るのが慣例だ。

崎枝校には暗室がある。理科室に隣接した一坪の部屋だ。床も壁もコンクリート。壁の二面には、腰の高さに台が取り付けてある。水道はないが、ランプもソケットもある。小さな窓がある。しかし、大きな引き戸があって、閉めきってしまえば、まったく光が入らない。女生徒は、更衣室だと思っている。実際、体育の時は、そこで着替えをする。しかし、これは紛れもない暗室だ。

「アルバムを作ろうと思います」。私は、まず、校長に話した。

「いいでしょう。供与されたものだから、自由に使えばよい」。了解が得られた。

昼休み、三年生に話したら全員大喜び。しかし、「先生、本当に出来るの?」。「信じられない。自分たちで作れるなんて」と、半信半疑だ。

「大丈夫だ。僕は高校時代からやっているよ。皆に教えるから」。私は、写真現像は難しくないし、とても楽しい作業であることを伝えた。

「先生、着替えはどうするん?」などという質問も出た。

「今まで通り使って良い。でも、散らかさないようにね」。これで決まった。全員の合意は取れた。写真やイラストの貼り付けはクラス全員でやる。現像と焼き付けは理科部員が協力することも決めた。アルバムは、学校の保存分と私の分を含め一五冊作る。残る問題は、予算のことだけだ。

その後、予算について話し合った。制作費は私と生徒一三名が出し合う。私は、せめて一人あたり五ドル（一八〇〇円）欲しかった。しかし、生徒は三ドルが限度だと言う。

「分かった。それでは一人三ドル。今月から集めようね。一月一ドル」。

午後、理科の授業があった。すでに始まっているというのに、孝吉が帽子を被ったままだ。

「孝吉。帽子取れよ」。ところが孝吉は、ふてくされた顔で横を見たままだ。私には何があったのか分からない。席まで行くと、教科書も出していない。

「どうした。何かあったのか？」。それにも応えないで、私をにらみつける。私は本当に彼が理解できない。もちろん、私に落ち度はないはずだ。授業も始まったばかりだし。

もう一度尋ねた。「どうした？　教科書くらい出せ」。孝吉は相変わらずだ。それどころか、さらに鋭くにらみつける。

「出ていけ」。私はにわかにカッとなり、いきなりビンタを喰らわせた。

「先生。俺、アルバムやらんぞ」。孝吉は捨てゼリフを残して出て行った。彼の不機嫌な理由は不明だ。少なくとも、アルバムは関係ないはずだ。何か気に入らないことがあって、アルバム作りに八つ当たりしたのだ。

放課後、職員室へ生徒会役員二人が来た。

「先生、アルバム、もうやらんの」。「孝吉、大丈夫かなあ」。二人は、彼の言葉だけで、アルバムがだめになったと思っている。

「予定通りさ。ほっとけ、孝吉のことなど」。そう言って、私は二人を帰した。

翌日、翌々日も孝吉は登校しなかった。二日目の午後、両親がやって来た。

「先生。よく殴ってくれました。親の言うことも聞かんで」。私はホッとした。てっきり、文句を言いに来たと思った。しかし、孝吉が何故、あんな態度に出たのか、両親も理解出来ないでいた。

「学校に来るよう、言ってください。待っていますよ」。ところが、驚いたことに、彼は家にいないのだ。

「それがね、『殴られた』と言って、山へ逃げて行っちまって」。殴られたことがないから、よほどショックな出来事だったらしい。両親は、終始にこにこしていたが、それでも話が出来たことで満足したようだった。

結局、孝吉は四日間、山から出てこなかった。何をしていたのだろう。まあ、たくましい生徒だから、私は心配していなかった。

「先生。ごめんなさい」。五日ぶりに登校した孝吉は、真っ先に職員室へ来た。何が彼を変えたのだろう。驚くほど素直になっている。

「どこへ行っていた？　何かいたか？　今度、先生を連れて行けよ」。孝吉の顔がほころぶ。

石垣市商店街。公設市場前あたり。車は右側通行。

「孝吉。アルバム委員になってくれないか」。そう言うと、孝吉はニコッと笑って、教室へ走っていった。

「俺がアルバム委員だぞ」。孝吉の声が聞こえてきた。

万事うまく運びそうだ。私は町に出てアルバム帳を探した。ところが、一番安価なもので一ドル二〇セント。しかも、町中探したのに一二冊しかない。あとは、少し高いものを買うことになる。そうなると、残りの金は一人あたり一ドル八〇セント足らず。どうみてもアルバム作成は無理だ。

しかし、すでに約束している。必ずアルバムを作るのだ。私は、まずアルバム帳を確保しようと、売られている一二冊を買い占めた。足りない分は、一ランク上のアルバムを買った。

資金もどうにかなりそうだ。私は夏のキャンプ、運動会、学芸会など学校行事のたびに写真を撮った。これを現像し、教職員や生徒に買ってもらうのだ。ほとんど実費だが、それでも、少しずつ預金が増えていった。

これには思わぬおまけが付いた。理科部員全員が、現像から焼き付けの技術を身につけたのだ。全校男子一八名。うち一六名が理科部に所属している。所属していない二人も、写真現像には参加した。

アルバムのための写真現像は、少し涼しい季節に入って始めた。それでも、狭い暗室は蒸し風呂だ。クーラーがないのだ。そこで、作業は必ず夜間のみ。窓は開け放した。幸い、学校は人家から離れている。しかも、夜はほとんど車が通らない。だから、開け放しでも写真現像が出来るのだ。たまに車が来ても、五〇〇メートルも先から分かる。その時は、雨戸を閉めてやり過ごした。

写真現像が始まってから、私は良く学校に泊まった。土曜日はもちろん、忙しい夜は、ウィークデイも家に帰らなかった。

写真現像の成否には、薬品の温度が大きく作用する。出来れば一八度から二二度の間で作業したい。そこで、部屋は仕方ないとして、現像液、停止液、定着液は、それぞれのバットに、氷を入れたビーカーを置いた。理科室に大型の冷蔵庫があり、製氷にも苦労しなかった。

暗室は狭い。作業は、多くて三名が限度だった。あとの生徒は理科室にゴザを敷き、コーヒーを飲み菓子を食べながら、トランプをしたり読書をしたりしていた。夜半過ぎになると、PTA会長の下地《しもじ》恵厚《けいこう》さんがやって来た。学校の夜間警備だ。しかし、平和な崎枝にトラブルなどありえない。下地さんは、いつも泡盛を抱えてきた。その頃になると、二人三人と生徒が夜の海へ出かける。そして、必ず魚やイカを持ち帰る。皆、頼もしい海人《うみんちゅ》なのだ。やがて、理科の実験台には、刺身が並ぶ。私はいつも大名気分だった。

夜が明けると生徒は一旦帰宅し、朝食をすませ、改めて登校した。

私が下地さんと飲んでいる時、あるいは仮眠している間、生徒たちは自主的に作業を続ける。数人が暗室へ入り、指示された写真を人数分、焼き付ける。

ところが、この時とばかり、プライベートな写真を現像する。それは構わない。私も黙認している。使う印画紙の量は知れているし、こういう作業こそ、楽しみながら技を磨くチャンスなのだ。

暗室に潜ったら、遠足や運動会のネガフィルムから意中の女生徒を探す。これを印画紙に合わせて、好みの大きさに焼き付けるのだ。ハートや花型の枠と一緒に焼き付ける生徒もいる。暗室は密室だ。本人は「誰にも見られない」と思っているし、確かに、誰も見ることが出来ない。しかし、ここが純真な田舎者。いや、単純な中学生の悲しいところだ。薬品処理が終わると、水洗いは暗室を出て、理科室の流し台を使う。タブに水を張って、すべての写真を、その中に浸す。だから、朝になって、いざ乾燥しようと引き揚げると、下のほうから女生徒の写真が次々と出てくるのだ。

私は、誰が現像したのか正確に分かった。生徒との付き合いが深かったから、誰が誰を好きか、何を思っているのか、だいたい把握していた。勝手に写真を焼き付ける。厳格に言えば、肖像権の問題がある。しかし、そこは田舎の学校内のことだ。私も野暮ではないから、「家で乾燥しろ」と言って、写真を取り出させた。生徒は照れ笑いしながら、ハンカチに包んだり、表が見えないように重ねて持ち帰る。

それはそれとして、写真を見ると面白い。何枚もの写真になって出てくる女生徒がいる。半面、まったく写真にならない子もある。良く現像される生徒、すなわち多くの男生徒に好かれる子は、「かわいい」、「勉強ができる」、「思いやりがある」。これらのいずれか、あるいは複数を持ち合わせている生徒だった。いつの時代も、好かれる女子のタイプは変わらないようだ。

崎枝四班。御神崎への細い道が見える。夜はほとんど人通りもない。

情報は、いつの間にか女生徒に広がった。

「先生。うちね、知っているさ。TとKが私の写真持っているんよ」。まんざらでない生徒がいる。一方、「いやーっ。気持ち悪いさ」と、大げさに嫌悪する生徒もいた。

「どう、自分で取り上げたら」。私は笑うだけで、女生徒の話に、まともに取り合わなかった。

生徒たちの努力が実って、アルバムは、かなりの労作となった。一旦、校長室に集められ、校長直筆で、扉を書いていただいた。表題は「出藍《しゅつらん》」。そして、卒業の日、改めて一人一人に手渡された。

式典に続く謝恩会で、保護者からアルバムの話が出た。

「素晴らしいアルバムが出来あがった。今後も続けて欲しい」。保護者の感想と要望だ。

「安間先生がいなくなるので、約束は出来ません」。校長が返答した。もっとも、翌年に限り、生徒たちが自主制作した。フィルム現像からプリントまで、私と過ごした間に、すっかり習得していたのだ。

一三名が中学を卒業した一九七一年。その年の秋、未曾有の大型台風が八重山を襲った。崎枝では多くの家が全壊、あるいは半壊し、生徒の半数がアルバムを失った。

それを聞いて、私の胸は痛んだ。「何とか出来ないか」。しかし、学校を去るときにすべてフィルムは置いてきた。再製は絶望的だった。

時は移り、パソコン全盛の時代が来た。私は自分のアルバムから、スキャナーを使い、全ての写真を複製した。これを元に一三冊のアルバムを作成。二〇〇三年、ようやく全員に手渡すことが出来た。卒業から、はや三一年が経っていた。

これに先立つ二〇〇一年。私は久しぶりに西表島を訪ね、浦内川《うらうち》から仲間川《なかま》への山越えをした。この旅行には、赤ん坊の頃から八重山に親しんできた二人の息子も一緒だった。

五月二五日。崎枝時代の教え子だった下地勝廣君が、西表島まで自分の船で迎えに来てくれた。石垣島へ戻る途中、私たちは新城島《あらぐすく》と黒島沖で遊び、その後、御神崎へ移動。夕方までカツオ釣りを楽しんだ。

ちょうどその頃、崎枝では崎枝小学校創立五〇周年記念式典が挙行されていた。もっとも私が知ったのは夕方で、どうにか、夜の祝賀会だけには参加できた。それにしても下地君は悪い。式典があることは、前々から知っていたそうだ。何故、昼間知らせてくれなかったのだ。

「だってよ、先生と一緒のほうが楽しいさ」。彼はそう言った。しかし、そういう次元ではない。大事な記念式典だ。地元に住む卒業生は皆、出席するものだ。本当に、大人になっても困ったものだ。

崎枝小学校は一九五一年の創立。中学校は一〇年後の一九六一年だ。中学校が開校する前、生徒たちは川平中学へ通った。私の生徒たちは中学校一〇期生から十二期生だから、彼らは小中学校とも崎枝で学んでいる。

現在も崎枝小中学校は同じ敷地にある。行事はすべて合同、職員室も一つだ。私がいた当時と、何も変わっていない。

祝賀会で、記念に泡盛の四合瓶をいただいた。ボトルには、創立五〇周年記念の特別なレッテルが貼られている。懐かしい写真があった。レッテルに使用された写真は、卒業アルバムを飾った崎枝小中学校の全景写真であった。

崎枝の歴史と開拓当時の話を聞く

崎枝は石垣島の中でも、特に古い村の一つだ。一五〇〇年には、すでに秩序だった村があった。一五〇〇年、石垣島で「オヤケアカハチの乱」が起こった。オヤケアカハチに同調しなかった石垣村の長田大翁主《ながたうふず》は、オヤケアカハチによって二人の息子を殺害される。さらに、自らも身の危険を感じ、西表島へ逃れる決意をする。舟が準備出来るまで、長田大翁主は屋良部崎の海岸に身を潜め、崎枝の老婆にかくまわれていたという民間伝承がある。

屋良部半島はマラリアの猖獗《しょうけつ》地帯で、崎枝村は幾度も移転を繰り返していた。一七〇七年の記録では、崎枝村は川平村役人の管轄下で、人口三〇〇人余りだった。一七七一年、明和の大津波の時は、七二九名を数えた。崎枝が一番栄えた時代であった。

その後もマラリアが猖獗を極め、村は衰退の一途をたどった。人口も減り続け、一八七三年（明治六年）には、二七名。そして、一九一四年（大正三年）、崎枝は行政的に廃村となる。

どうして、古い時代の人口が分かるかと言うと、八重山には人頭税の制度があった。琉球国は、一六〇九年の慶長の役により薩摩藩の属国となった。経済的に逼迫《ひっぱく》した琉球王府は、従来の税体系とは別に、宮古・八重山のみを対象とする人頭税を導入する。実際に施行されたのは一六三七年であるが、人口の正確な把握は、徴収側にとって、欠かせないことだったわけだ。人頭税は、一九〇三年（明治三六年）、廃止される。

一九四〇年（昭和一五年）、新しい崎枝が胎動を始める。最初に移住したのは、石垣市の亀川《かめかわ》安貞《あんてい》氏である。亀川氏は屋良部地域を開墾し薬草の栽培をした。台湾への輸出を考えていた。亀川氏が移住するまでの二六年の空白時代、屋良部半島はマラリア有病地帯として恐れられた。住む人もなく、川平の人たちが田畑の往来に通過する以外、人影もなかった。

亀川氏に続き、一九四五年、松川加那志《まつかわかなし》氏が崎枝に移住した。当時、崎枝には郷土防衛隊が駐屯し、松川氏は漁労班に所属した。仕事は食料の調達だった。敗戦後、松川氏は、そのまま崎枝に留まった。

戦後、石垣市の復興工事が始まった。一九四八年頃になると、木材を運び出すために、崎枝の近くまで道路が伸びてきた。それに伴い、仕事に来て、そのまま住み着く人も現れた。同じ頃、本土や台湾からの引揚者、疎開帰り、復員者が崎枝にやって来た。沖縄島、宮古諸島、八重山諸島と出身地は様々だが、石垣島のすぐ北にある多良間島出身者が多かった。

食糧を求め、自由に移住して来た人たちを「自由移民」と呼ぶ。崎枝は全員自由移民だ。これに対し、「計画移民」がある。敗戦後、沖縄民政府は食糧増産、復員軍人や外地引揚者などによる人口稠密《ちゅうみつ》の緩和、農地を米軍に接収された地主などへの対策として、八重山への移住と開拓を計画した。この計画に基づいて移住した人々が計画移民である。

一九四八年、最初の計画移民が行われた。ほとんどが下地島出身者で、西表島の上原地区に入った。石垣島へは、一九五〇年が最初である。沖縄島の玉城《たまぐすく》村と大宜味《おおぎみ》村の出身者で、東部地区の星野に入植した。

一九四九年に入ると、崎枝へ入植した人たちの生活が、多少とも落ち着き始めた。これを機に、「部落を興そう」という機運が高まり、その年九月一日、結成式典が挙行された。新しい崎枝部落の創立である。当時、戸数二六、総人口六五名であった。

部落は、共同体としてまとまりのある民家の一群のことだ。村の中にある字《あざ》に相当する。日本本土では、差別用語だとして使用させない傾向にある。しかし、沖縄では、そのようなことはない。「部落会」、「部落会長」など現在も普通に使われる。「部落」には、単に「集落」では表現できない地縁団体の意味がある。

一九五一年、川平小学校崎枝分校開校。一年生二名、二年生三名、四年生一名、合計六名でのスタートであった。その後、一九五七年、崎枝分校は発展的解消となり、崎枝小学校が発足した。

崎枝中学校は一九六一年四月、小学校に併置されて発足した。小学生一四名、中学生一二名であった。当時、崎枝は戸数六五、総人口三五三名を数えている。

その後、崎枝はサトウキビとパイナップル栽培を主な産業として発展する。しかし、人口は、一九六七年の四一九名をピークに漸次、減少する。私の教員時代、一九七〇年は戸数四五、男一

パイナップル

四二名、女一二三名、合計二六五名であった。

五班の福里貞男《ふくさとさだお》さんが学校に来た。いつも、バイクに乗って来る。清信君の父親だ。今日はキビ刈りの打ち合わせらしい。崎枝には学校農場がある。PTAの労働奉仕でサトウキビを栽培している。収益はPTAの運営資金として使われる。

福里さんは、崎枝開拓の初期に入植した一人だ。それだけ苦労も多かったことだろう。打ち合わせは、簡単に済んだようだ。運動場を横切って中学校へ来ると、クワデーサーの木陰にドカッと腰をおろした。いつも、私が生徒と一緒に車座になる場所だ。私が出て行くと、「やあ、先生」と、気さくに声をかけてくれ、時間があるのか、開拓時代のことを話し始めた。私が、当時の話に関心があることを、息子から聞いているようだ。

「一九四七年、宮古島の城辺《ぐすくべ》町から来た。まだ、人が少なかった頃さ。八重山はね、土地が豊富だし人口が少ない。それに歌と情けの島と聞いて、希望に燃えて来たよ。ところが、道路がまともになくてね、崎枝へは干潮時に海を歩いたさ。川に橋がないわけよ。名蔵大橋だって、戦争で工事が止まったままさ。フンドシ一つになって浅瀬を渡ったよ。とんでもない田舎へ来てしまったと思った」。福里さんは、くったくなく笑う。

私にも似たような思い出がある。西表島の北海岸を何度も歩いている。船良《ふねら》から船浦《ふなうら》まで道がなかった時代だ。長い距離だから、干潮時に出発しても、どこかで満潮になってしまう。石垣島の人から、福里さんと同じような話を聞くたびに、私は西表島での体験と重ね合わせたものだ。

「崎枝はね、至る所ススキとカヤの荒れ果てた原野だったよ。道路もなく、川平の人たちが田畑へ通う畦道を利用した。普段は人に会うこともまれだった。

マラリアという風土病、ハブ、イノシシとかいう山豚も、宮古島にはいない。山の経験がないし、食糧も土地の当てもない。しばらくは、怖い不安な毎日を送った。ただね、食糧を求めて開墾に入ったのだと、いつも、希望に燃えていたよ」。福里さんはイノシシのことを山豚と呼んだ。野生の豚という意味だろう。福里さんが生まれ育った宮古島にはイノシシがいないから、福里さんはイノシシという名前になじんでいないようだった。

「開墾すれば何とかなる。そんな思いで許可もないまま原野を開き、市役所の人から叱られたこともあった」。福里さんは、また笑った。やること成すこと、良く似た親子だ。清信のおっちょこちょいは親ゆずりなのだと、私はおかしくなった。

「入植当時、屋良部に亀川安貞さんと盛元英完《もりもとえいかん》さん、赤崎に松川豊助さんがいた。イモと落花生を栽培していた。この三家族が、新しい入植者を歓迎してくれた。イモはもとより、栽培に必要なイモ蔓、副食物を分けてくれた。

『どこのルンペンか』と、遠くから眺めていた川平の人たちも、やがて、声を掛けてくれるようになり、付き合いが始まった。その後、宮古郷友会の世話で、新しい入植者を迎えた。『生まれた時は裸じゃないか。裸になっても良い』と思えば、どんなことでも頑張れる」。福里さんはキリッと清信をにらみ、「親の苦労を見てきたんだから、頑張らんといけんな。生徒の本分は勉強だ。勉強をしっかりせんと」。そう言って、また笑った。

「戦後復興で、市役所がブルドーザーでトラック道を造った。屋良部山林より学校復興材を運搬するためさ。御神崎への道の始まりだ。これを幹線として、支線農道を造っていった。入植者の共同作業さ。落ち着いてくると家族を呼び寄せる者、親戚や知人に移住を勧める者が出た。ポッン、ポッンと家が建ち、村らしい景観になっていった。原野がサロンパスのように開墾されていくのを見ると、うれしくて目頭が熱くなったよ」。

「サロンパス」とは、面白い表現だ。ススキの原が、パッチ状の裸地に変わる様子を言っているのだろう。福里さんの話を聞いていると、当時の崎枝が目に浮かんでくる。

下地恵厚さんはPTA会長を務めている。二年生の修身《おさみ》君の父親だ。酒がとても好きで、話が大好き。私も飲むのは嫌いでないから、四班の浜からの帰り、立ち話のつもりで寄って、そのまま上がり込んでしまうことがあった。

「二二年前です。一九四八年三月に崎枝へ来ました。八重山は初めてでした。船上で、『あれが崎枝』と、説明を受けました。夕方六時頃、石垣市の小さな桟橋に上陸。翌日、崎枝を案内され、その場で入植を決意しました」。

「イモさえあれば良い。何でも良い、食べ物が欲しい。毎日がそうでした。人間は食べ物が無いほど不安なことはない。あとは何も考えなかったですね」。最初は皆、食糧の確保に苦労したようだ。

「しかし、食糧が手に入るようになると、他の問題が見えてくる。こんなにも難問が山積みしているとは、思いもよらなかった」。住居、道路、通信、産業、子どもの教育。もちろん、食糧の問題もつきまとう。すべてゼロからの出発だ。それに悪性マラリア。開墾は、ハブとイノシシとの戦いだった。

「やれるだけのことはやりました。しかしですね、振り返ると、苦難と戦った当時が一番楽しかった。全員が一丸となって何でもやりました。

雨天時のブタの世話、怪我をした家畜の手当、共有地での造林、サトウキビの植え付けから収穫。共同の力は、たとえ一〇人でも万人の力を発揮します。

特に、家を建てる時のユイ（共同作業）。段取りして、手分けして。山で木を伐る人、カズラを採る人、茅を刈る人、製材する人、茅葺きする人。それに、海から魚や貝を調達する人、台所役もいるんですよ。少しずつ出来上がっていく住居。それは自分たちの気持ちそのものでした。

大仕事が終わった時の御苦労さん会、海遊び、豊年祭、運動会。それは楽しかったですよ。これからも、当時の気持ちを忘れず、皆と一緒に生きていきたいと思います」。

下地さんは、少し酒がまわったようだ。円い大きめな鼻が真っ赤になっている。

「入植して間もなく、陸稲《りくとう》を植えました。特に山林の伐採跡地は、陸稲の最適地でした。陸稲は食べるだけでなく、金に換えることも出来ました。うまかったですよ。噛めば噛む程味が出る。水稲と比べて格段の違いがあった。五、六年は栽培しましたね。

しかし、陸稲は台風と旱魃《かんばつ》に弱かった。そんなこともあって、糖業とパイン栽培がさかんになると、農作物からはずされてしまった。陸稲は命綱であり、収入にもなったから、今でも感謝の気持ちでいっぱいです」。下地さんは、ひとまず話を止め、箸を動かした。目の前にはブダイの刺身がある。今日、刺し網で捕ったそうだ。

「アチコウコウしていますよ、先生」。台所から奥さんが出てきた。皿にはフライパンで焼いたばかりのポークが載っている。

ポークは沖縄では極めてポピュラーな食べ物だ。ランチョンミートのことで、豚肉を加工したソーセージのようなものだ。店ではデンマーク産の缶詰が売られている。「アチコウコウ」は、「熱くてホカホカ」といった意味の方言だ。

「すみません。ごちそうになっています」。そう言う私に、下地さんがいたずらっぽく笑う。何かおもしろい話がありそうだ。

「陸稲はですね、最初、三〇センチほどの畝《うね》を作り、種子を蒔きます。一週間もすると発芽しますが、カラスが来て引き抜くんです。一羽二羽ならともかく、一〇〇羽近くも群れで来るから、畑は全滅です。発育不良の苗しか残らないんです。カカシ？　そんなもの、気休めです。カカシどころか、カラスは人の男女さえ見分けます。男が行くとですね、石を投げなくても逃げる。ところが女だと、ちょっと離れるだけで、一向に飛び去ろうとしない。いつも、こっちを見てあざ笑っているようで、本当に腹が立って仕方ない。

陸稲は、収穫までに除草を三回から四回。肥料は二回か三回、与えました。この除草作業が結構な労働なんです。それでね、群れで来るカラス。あれを、何とか利用出来ないかと考えたんです。人間社会では、良い指導者がいれば皆がついていく。カラスも同じでしょう。リーダーを育て、雑草取りを教える。私は戦時中、軍の通信隊にいました。伝書鳩の訓練を経験しているから、カラスの調教にもある程度の自信があったんです。ね、良い考えでしょ？　先生」。

下地さんのもくろみは、カラスを使って陸田の雑草を根絶することだ。そのために、カラスに除草を教え、指導者に育て上げる。カラスはどこにでもいるから、除草経費の軽減につながるし、ひいては八重山農業に貢献出来るだろうというのだ。なるほど、面白い。それでどうなったのか、先が聞きたい。

「ある日、ヒナが手に入った。『クロくん』と名付けてかわいがった。ヒナは一ヶ月もたつと、結構大きくなった。クロくんは礼儀正しい。普段はおとなしくしている。食べ物があっても、むやみにつついたりしない。特に食事の際は利口だ。『待て』と言えば待つし、散らかしたりしない。

そのうち、クロくんは特にピーナツが好きだと分かった。『よし、これでいこう』。いよいよ特訓の開始だ。まず、雑草にピーナツをくくり付け、これを引かせる訓練だ。これが出来たら、次は雑草だけを引き抜かせる。ピーナツをつぶして塗ったりもした。

ところが、いつになっても覚えない。ピーナツだけを食べてしまう。それどころか、他のカラスが来てガーガーなくと、そちらを見上げたまま、主人の方を見向きもしない。

根気よく教えたつもりだが、結局、習得させることは出来なかった。それでも、クロくんはかわいい。何か覚えてくれないかと、いつも考えていた。

当時は水道がなかった。遠い井戸から汲みあげ、天秤棒の両端に一斗缶を吊して運んだ。帰り道、カラスがやって来た。数羽が自分の前を歩く。チョンチョンと挑発するように移動する。後ろを見ると、もっと多い数のカラスがついてくる。中には、天秤棒の先に止まるものさえある。『馬鹿にするな』。だまっていると数が増えてくる。

脅してやろうと思い荷をおろすと、ガーガーなきながら、木の枝に飛び移る。再び歩き出すと、またやってくる。腹がたって仕方ない。

今度は、荷物を置いて石を投げつけた。やがて、群れはいなくなった。しかし、『あほう、あほう』という声が耳から離れない。そんな時は、クロくんまで憎らしく思えた」。

家族同様に育てたクロくんだったが、やがて、群れに誘われて野生に返ってしまったそうだ。ところが、しばらくしてクロくんが、下地さんの家を訪ねるようになった。仲間も一緒で、家を荒らしまくったそうだ。育てられた恩をあだで返すのか。本当に、困ったクロくんだ。「クロくんの指導が成功していたら、陸稲も植えていたはずですよ」。下地さんは、笑いながら、負け惜しみを言っていた。

カラスは実に利口だ。私も経験している。西表島にいた頃のことだ。いつも近所のネコが、カラスにからかわれていた。

下地さんの場合と同様、数羽のカラスが前からネコを挑発する。そちらに気をとられていると、後ろの一羽がネコの尾をキュッとひっぱる。他の一羽はガーガーなきながら旋回している。ネコはいらだって手を出すが、僅かに届かない。最後は、決まってネコのほうが、縁の下に逃げ込んだ。

同じく西表島の話だが、私の家にもカラスが来た。来るだけなら別に構わない。ところが、僅かな野菜を食い荒らしたり、チリ捨て場を掘り返すのだ。いつものこととなると、見過ごすわけにはいかない。私は、以前聞いた話を思い出した。

「テグスで捕まえていたよ」。大家のおばあちゃんの話では、いつも、漁師が桟橋で魚を広げている。その日の収獲を売りにきているのだ。ところがカラスが来て、魚をくすねようとする。すると、漁師も慣れたもので、カラスよけを作った。

「テグスで輪を作り、石にくくり付けるだけ」。おばあちゃんの話だと、まず、五〇センチの長さにテグスを切り、輪を作る。輪というより、ひらがなの「の」という字だ。「の」の左半分が輪である。尾の部分となる右側の先端には石を結びつける。ワナを固定するためだ。これを、輪が立った状態で地面に置く。細いと輪の形が崩れるから、太めのテグスを使う。

「それだけだ」と改めて言う。カラスがやってきて歩いたり跳んだりしているうちに、輪の部分に足を入れてしまうと言うのである。しかし、そんな簡単なワナで、カラスが捕まるだろうか。私は半信半疑だ。

それでもと思い、聞いたとおりに作ってみた。ただ、私の場合、テグスを切らないで、長いまま家の中に引き込んだ。そして、先端を足の親指に巻き付けたまま、昼食を始めた。

五分も経たないのに、ググーンと曳《ひ》きがあった。魚が釣れた時の感覚だ。一瞬、信じられない思いだ。たぐりながら表へ出る。すると、どうだろう。バッサバッサと音をたてて、カラスが凧のように舞い上がっていた。おばあちゃんの言うとおり、テグスの輪がしっかりとカラスの足を捕えていた。

放課後、必要なものが出来て、一班の店まで買いに行った。主人の石垣蒲戸《いしがきかまと》さんが店番をしていた。一年生の妙子さんの父親だ。

買い物を済ませると、「先生は、内地どこですか?」と、聞いてきた。私が沖縄の人間でないことを知っていた。

「出身は静岡ですが、大学時代は東京でした」。そう答えると、「そうですか。私は戦前内地にいて、大阪で終戦を迎えました」と、石垣さんが話し出した。

「終戦直後はですね、世相は混乱し、大阪は治安も悪かったですよ。仕事もなく、敗戦とはこういうことかと、惨めさを痛感しました。

同郷人がたくさんいましたが、誰からともなく引き揚げの話が出始めるようになりました。隣が空き家になり、別の一家族がいなくなり……。そこで、私も人の後を追うようにして故郷の宮古島へ引き揚げて来ました。一九四六年、一一月でした。何の当てもありませんでしたよ」。

「えっ、郷里は宮古島なんですか?」。私は、これまで「石垣」姓は石垣島ばかりだと思っていた。そうではなく、宮古島にも多い姓の一つだそうだ。

「はい、宮古島ですよ。帰ってから一年三ヶ月を過ごしました。思った通り何も良いことはなかった。仕事も見つからんし、食べ物も十分でなかった」。

石垣さんは意を決し、石垣島へ渡ることにした。一九四八年のことだ。石垣島では登野城にいる義兄の家で世話になった。

「いつ、崎枝に来られたのですか」。それには答えないで、石垣さんは、順に聞いてくれとでも言うように、続けた。

「一ヶ月後、義兄の所を出て、川平湾のピシタ浜へ移り住みました。そこに塩炊き小屋を造り、製塩を始めました。昼は山へ入って薪を採る。夜は、ずっと塩を炊いていました。眠るのもほとんど座ったままでしたよ。そんな生活を一年余り続けました。重労働でした。

一九四九年の一〇月に大きな台風があってね、小屋が吹き飛ばされました。これが潮時かと思いました」。石垣さんは、一ヶ月後、崎枝に移り住んだ。

「崎枝での生活も、決して楽ではなかった。食糧難だし、台風と旱魃に見舞われました。もともと、農業の経験がなかったから、農業とはこんなに厳しいものなのかと、身を持って感じました。しかし、自由移民には政府からの援助もなかったですから、自力で生きていくしかなかったですね」。崎枝への入植者は、皆、同じ苦労をしてきた。

「一九五一年四月、崎枝小学校が発足しました。正式には川平小学校の分校です。翌年、県道から学校に向けて道を開きました。ブルドーザーに依頼しました。重機を使った、崎枝で最初の道でしたよ。もっとも、わずか一〇〇メートルだけ。当時、それだけしか賃金が払えなかったですね」。石垣さんの言う県道は、現在の一周道路。手がけた道は、後に崎枝幹線道路と呼ばれることになる。

「同じ年でした。下地恵厚さんと共同で塩を炊き、四箇へ売りに行きました。野里良吉さんのウマを借りて運びました。銀座通りの道端へウマを止め、買い手を探しに行きました。ところが、戻ってみると大変。ウマが塩を背負ったままベターッと座り込んでいたんです。『これは大変だ』と、近くの店で包丁を借り、ロープを切断しました。荷物を降ろすと、ウマが立ち上がってくれたので、ホッとしましたよ」。石垣さんは、表情を変えないで、淡々と話す。

「幸い、塩は、じきに売れました。ウマが可哀想だったから、帰りは手綱を引いて歩きました。家に着いたのは夜の九時を過ぎていましたね」。石垣さんの話は続く。

「これも、同じ年でした。学校が出来た年だから覚えているんです。『明日の食事代もない。何か仕事を欲しい』と、知人の所へ頼みに行きました。すると、偶然にも宮古島佐良浜《さらはま》出身の人がいて、『宮古は薪が不足している。宮古から舟をチャーターして来るから、それまでに舟一隻分の薪を準備しておくように』と言われ、手付け金をもらいました。喜んでね、崎枝に戻って仲間を集め、次の日、六名で出発しました。ウマの背に出来るだけの荷物を乗せ、あとは自分たちで背負ったんです。野底を目指したのだが、富野から先は、道らしい道がなかった。浜を歩いたり、陸をまわったりしました。

最初の晩は、途中の原野で眠った。次の日、野底海岸まで行き、仮小屋を造った。ガマの中だから雨の心配は無かったし、水も近くにありました。そこを拠点にして、山で薪を集めたわけです」。ガマとは洞穴や浅い鍾乳洞を指す。

「まる四日かかりましたよ。舟一隻分というのは、結構な量だね。さあ、終わった。山と積まれた薪を見つめながら、あとは舟を待つだけだ。

野底の原野。石垣さんたちが薪を集めたあたりだ。中央は野底岳。

ところがですね、今日か明日かと待つのに、何日たっても舟は来ない。そのうち、強い北風が吹き、海が大時化《おおしけ》になった。薪は散らばってしまうし、食糧も尽きてしまった。小屋の中で、しゃべることもなく、しょんぼりしていましたよ。

そんな時、糸満漁師が来てミーバイ（ハタの一種）をくれた。三キロもある大きなやつでした。皆、喜んでね。ところが、あとは全員食中毒。もう、薪もほったらかしたまま、命からがら引き揚げて来ました」。

誰も数え切れないほど苦労をしているのだ。ただ、人に話せるということは、苦労がすでに昇華され、懐かしい思い出として受け入れることが出来ているからだ。

仲嶺禎二《なかみねていじ》さんに会った。豊君の父親だ。

「先生、朝早くからごくろうさま」。一瞬、何のことか分からなかった。

「先日も見ましたよ。ほら、シーラで浜に下りていたでしょう」。シーラは通勤途中にある浜の名前だ。仲嶺さんが用事で四箇へ出るとき、私を見かけたと言う。

「いつも、研究されているんですなあ」。そう言われても困る。ほんの趣味で鳥を見ていただけだ。

「豊に聞いたんです。あんな格好で授業しているのかと」。これは、まずい。汚い服のまま授業しているのが、ばれている。

「『そうじゃない。先生はいつも一番に学校へ来て、着替えてから教室に入る』。豊から聞きました。りっぱだなあ、先生は」。穴があったら入りたい気持ちだ。豊が、かばってくれたのだ。これからは、まともな格好で授業をしたい。

「私は宮古島からきました。上野村の出身です。兵隊で中国大陸にいたが、台湾へ移り、敗戦後、八重山へ来ました。しばらく四箇にいましたが、一九五〇年、入植しました」。

　仲嶺さんは、石垣島へ来てから二年ほど町で生活した。宮古郷友会の一人として、移住者の世話をしていた。崎枝への入植も何人かに勧めた。何度も現地を案内するうちに、自分自身が入植することになってしまった。

「ミイラ取りがミイラになってしまいました」。そう言って笑う。

「崎枝は文字通りの荒野。胸まで没するカヤとススキが茂っていました。道はなかったですよ。イノシシが通った跡と、人ひとりがやっと通れる踏み分け道があっただけ、たまに漁師が通うのでしょうなあ。こんな苦労をするのも、他国で、したい放題やってきた報いだと思いましたよ」。

同じ崎枝でも、仲嶺さんが住む五班は一番奥だ。入植当時は、本当に淋しい地域だった。

「幸い、崎枝には海がある。天気の良い日は交代で塩を作り、食糧と交換しながら開墾を続けました」。塩だけでない。崎枝の人たちは、屋良部半島を取り巻く豊かな、魚湧く海に、どれだけ助けられてきたことだろう。

　二班の狭い農道に入ったら、国仲定夫《くになかさだお》さんがいた。そのまま通過するのも気が引けたので、バイクを止め、あいさつした。国仲さんの子どもは小学生だから、私は教えていない。

「私は、宮古島でのイモのバイラス病が忘れられません。植え付け後、活着したと思ったら葉が縮れだし、ほとんど収穫出来んのです。私みたいに、イモのために八重山への移住を決意した人も多いはずです」。国仲さんは宮古島の出身。一九四九年頃からバイラス病が猛威を振るい、宮古島ではイモが取れなかった。同じ話は、他所でも聞いている。

「当時、宮古島と石垣島を結ぶ『三吉丸』という木造船がありました。ちっぽけな船でね、小学生でも、船縁から海面に手が届きました。船足も遅く、一六時間から二〇時間を要しました。

私が入植したのは一九五一年一〇月、家族一緒でした。下地恵厚さんと立津さんの家族も一緒でした。二人とも、ようやく落ち着かれ、ご家族を呼んだのです。

張水港《はりみず》を出て多良間島を経由、石垣島に来ました。ところがね、船長は、わざわざ屋良部崎に船を着けてね、降ろしてくれましたよ。崎枝の入植者が多かったからです。でも、今では考えられないことですな」。そんな時代があったのだ。今の船は大きいから、望んだとしても屋良部崎には接岸出来ない。

「崎枝では驚きました。イモがある。イモがあるんですよ。地面が盛り上がるほどたくさんある。物心ついてから、バイラス病のイモしか知らなかった。ですから、本当に信じられない思いでした」。国仲さんにとって、崎枝は希望の新天地だったのだ。

「ただ、イノシシがたくさんいました。畑を荒らすので、夜は鐘を叩いて追い払いました。捕らえたくても、私たちには出来なかったですね、経験がないから。五班の宮良《みやら》政治《せいじ》・政富《せいふ》兄弟は、ワナで捕っていました。でも、イノシシは減らなかったですね」。既存の村は、一ヶ所に集落が

大浜ガマの浜。開拓時代の食糧を調達した豊かな海。遠景は川平半島。

あり、それを囲むように田畑が広がる。しかし、崎枝では住居が分散している。畑の中に住居がある。入植当時、イノシシの害がひどく、自分の畑は自分で守らねばならなかったからだ。

「イモは人間が植えたのに、実際はイノシシとの奪い合いでした。でも、宮古島と比べたら、食糧は有り余るほどありました。主食はイモ。副食はほとんど海で調達しました。タコ、シャコ貝。アオサ（ヒトエグサ）は今のものよりずっと大きかったですよ。

旧暦一一月頃の干潮時、浅瀬を歩くと、砂ダコが足に張り付く程たくさんいました」。

私にも経験がある。冬、潮が満ち始める頃、岩礁に小さなタコがたくさん出ている。内地で言うイイダコだ。八重山ではウムズナーと呼んでいる。西表島の東部から西部へ行くとき、北海岸で袋いっぱい採り、民宿へみやげにしたことがある。

「イザリと言うんですが、夜はタイマツを持って出掛け、ガサミを突きました。マツは、木の一番燃える部分を使いました。タイマツはずっしり重かったが、帰りは獲物が同じくらいの重さになっていました」。ガサミは食用になるワタリガニのことだ。国仲さんの言うガサミは海のタイワンガサミなのか、それともマングローブに棲むノコギリガサミなのだろうか。どちらにしても、崎枝にはたくさんいるのだが……。

「もう、時効ですから話しましょうね。火薬で密漁する人もいました。爆発音が聞こえると、我先に海へ向かいましたよ。大きな魚やボラ、サヨリがヒラヒラ泳いでいて、手づかみ出来ました。ミジュンは、浅いところで積み重なっていました。広い範囲に渡っていました。面白かったなあ」。ダイナマイト漁だ。私も見たことがある。すごい量の魚が死んでいた。ミジュンとはイカナゴやイワシのことだ。

「こう話すと、食べ物に不自由しなかったみたいでしょう。実際は、栄養不足とマラリアで、顔は青く、腹が膨れている人が多かった」。野菜がないし、海のものだけではバランスの良い食生活は望めなかった。

「米は陸稲でした。水田を作りたいが、良い場所は川平の人たちの土地で、自分たちは使うことができなかった」。下地さんに陸稲の良さを聞いていたので、国仲さんの話は、私にとって意外だった。

「陸稲ではいけないの？　下地さんは、おいしいと言っていましたよ」。私は、国仲さんに尋ねた。

「そうかなあ。水稲より味が悪かったよ。それに、収穫までの期間が長いから、台風に遭うし、予定の収量に及ばないことも多かった」。確かに、台風や旱魃に弱いことは、下地さんから聞いている。

「換金作物は、初期の頃はイモ、落花生、陸稲でした。その後、サトウキビを栽培し、一九五四年には、崎枝にも製糖工場が出来ましたよ。サトウキビは、一九五七年に新しい品種を導入し、収量も増えました。さらに、パイナップルの栽培が加わり、崎枝はめざましい経済成長を遂げました。崎枝は耕作地が広く適度な酸性土壌ですから、パイン栽培に最適なんですね。

一九六〇年代に入ると、既存集落との経済格差はすでにありません。むしろ追い越した感じさえあります。子どもに勉強させたいと思う親が増え、生徒もその気になりました。おかげで、高校や大学への進学率が高まってきました」。話を聞く限り、崎枝の成長にはめざましいものがある。これは、自由移民ならではのバイタリティによるものだ。

同じような話を、他所でも聞いた。大里明文《おおざとめいぶん》さんは、一年生の京子さんの父親だ。

「私は一九五一年の入植です。宮古島でイモのバイラス病が発生し、まったく収穫が出来ませんでした。崎枝は、自由移民も入植出来ると聞いて参りました。当時、二三軒あったと記憶しています。部落会に入る時はですね、泡盛一升を持って、『どうぞ迎えてください』と、お願いしたものですよ」。一升は、ほんの僅かな量だ。しかし、村人と新参者を結ぶ、十分な潤滑油だったことは、想像に難くない。

「初めての共同作業は、小学校の建設でした。子どもが増え、学校を作る時期だったんですね。学校は発足したばかりで、校舎も茅葺きの仮のものです」。仮校舎が完成するまでの僅かな期間、児童は川平小学校へ通った。本校舎が完成したのは数年後である。

「私は麦一俵を担ぎ、馬一頭を連れて来ました。麦は自分で食べるため。四ヶ月後、イモが収穫出来たときは本当にうれしかった。何とも言えない喜びに浸りましたよ。

当時は、道とも言えないぬかるみを歩きました。学校までの道は一九六〇年頃、馬車で石を運び、敷きつめて作りました。苦労を重ねましたが、今では、崎枝から高校、大学への進学が普通になりました。うれしい限りです」。子どもには苦労させたくない。自分たちが出来なかった勉強をさせたい。親たちは、いつでもどこでも、皆、同じだ。

羽地恵仁《はねじけいじん》さんの庭に、何やら葉が付いた作物が並べられている。天日で乾燥しているようだ。「何だろう」と思ってバイクを止めると、そこに、ご主人が出てきた。

「ラッカショウですよ」。落花生のことだ。八重山ではラッカショウと呼ぶ人が多い。そう言われると、確かに、根にマユの形をした莢《さや》がある。すでに、葉はパリパリに乾燥し、莢に付いた泥も白く乾いている。

「これが、八重山を救ったんですよ。私らも助かりましたが」。そう言って、羽地さんは落花生の話を始めた。羽地さんは一九五二年の入植。長らく屋良部の大崎にいたが、私が勤務した時は、すでに四班に移っていた。二年生の優美子さんの父親だ。

「終戦後、八重山は食用油もないありさまでした。島人は、極度の栄養失調に陥っていました。そんな時、登野城の上原秀人《うえはらしゅうじん》氏が製油工場を開きました。原料は落花生です。油は食用、絞りカスは家畜の飼料に使いました。それにより、急激に食生活が改善されたんです」。私には初耳の話だ。

「原料確保のために、落花生の栽培が奨励されました。もちろん、崎枝でも栽培しました。特に、崎枝は落花生栽培に適していた」。私の教員時代、落花生は少しあっただけだ。大規模に植えた時期があったことなど、まったく知らなかった。

「当時はイモが主食で、自給自足の貧しい生活だった。それで、落花生栽培を始めた時は、これからは農業が金になると、大いに喜んだものです。

しかし、思うようにはならんですな。イノシシやカラス、それに野ネズミの被害が大きく、収穫は期待ほどではなかった。特に山沿いでは、全滅する畑も多かった。昼間は開墾の仕事。夜は、疲れた体を引きずりながら、畑へ向かいました。徹夜でイノシシを追い払うのです。肥料袋をかぶり、畑に転がったまま眠ったりもしましたよ。まったく、血のにじむような毎日だった。脱落して、崎枝を去る開拓者も多かったですよ」。イノシシとカラス。かつて屋良部半島は野生動物の楽園だった。マラリアが開発を妨げていた。ところが、人が入るようになると、深い森も動物も、生活の妨げになる。自然と人の共存は難しい問題だ。

「先生、落花生の栽培は極めて簡単。ほとんど肥料なしで作りましたよ。まず、ウマに馬耕機を引かせ、幅四〇センチの畝間を作ります。

種まきは二月頃。一反歩（三〇〇坪）あたり、約四升の豆を準備し、畝間に二〇センチ間隔で、一粒ずつ落としていきます。終わったら、ハラブという農機具をウマに引かせ、覆土しました。慣れると一日で、二反歩は植え付けましたよ。

一週間から一〇日で発芽するが、雑草も出るので、二〇日目に一回目の草取りをします。二回目は二ヶ月か三ヶ月後。その後は、落花生が伸びて地面を覆うから、雑草は出ません。あとは収穫を待つだけです。

収穫期に入ると、下葉から次第に枯れてきます。収穫は例年、六月。旱魃期で、土壌が石みたいに硬くなっています。一株ずつ引き抜くから、腕力のいる仕事ですよ。

それを家に持ち帰って、天日で乾燥させます。ほら、これですよ」。そう言いながら、羽地さんは庭にある一株を手にとった。

「そろそろかな」。羽地さんが、落花生の葉を握ってもみほぐす。パラパラと、ちぎれた葉がこぼれた。

「一週間ですね、完全に乾くまで。乾いたら、手で豆をむしり取ります。

豆には土が付いているし、葉が混ざるでしょう。これは、箕《み》に入れて振り分けます。箕を高く持ち上げ、風を利用します。豆は重いから真下に落ち、土や葉は飛んでしまう」。そう言うと、羽地さんは、にわかに何か思い出したようだ。急に、くだけた口調に変わった。

「無風の時が大変。口笛が風を呼ぶと教えられてきたから、一生懸命吹いた。しかし、なかなか風は来ない。口が痛くなるまで口笛を吹き続けたが、やっぱり、風は来なかった」。羽地さんは大笑いした。私も、つられて笑ってしまった。

当時は車がなく、馬車を使った。製油工場まで三時間かかったそうだ。崎枝では、落花生を売った代金が、初めての現金収入だった。おかげで、農耕馬、農機具、のちには土地の購入も実現した。落花生は、崎枝の開拓を支えた貴重な作物だった。しかし、その後、より面積あたりの収量が多いサトウキビやパイナップルの栽培に変わっていった。

金城誠禄《きんじょうせいろく》さんは、部落会長を務めている。二年生の陽介君の父親だ。家は、一周道路に面して、崎枝の出口にある。学校の帰り道、私は遅くまで、おじゃますることがあった。

「先生が内地からと聞いた時、心配しました。田舎に馴染めるかなと」。確かに、同じ思いの人が多かったと聞いている。

「ところが、面白いですな。今は生徒が皆、安間先生に一番なついている。安心しました」。いや、生徒は遊びたいだけだ。教師として慕っているのではなさそうだ。

「私は沖縄島の大宜味村出身です。戦時中は、台湾で警官をしていました。敗戦で沖縄へ戻ったが、生活が思うようにならない。耕す土地もない。心を決めて、開拓団に加わりました。石垣島東部の伊野田へ入植しました。

しかし、考えることがあって義弟と二人で崎枝に来ました。一九五七年のことです。家族はあずけたまま。家がなく、知人も友人もなく、四ヶ月間は四箇から自転車で通いました」。私は、出された泡盛を飲みながら聞いている。ところが、今日は何の日だろう。電灯に無数のカメムシが集まって来る。三ミリにも満たない真っ黒なカメムシだ。コップにも次々と落ちてくる。しかし、金城さんは、「この時期は、こんなですよ」というような顔で、話を続ける。

「その後、畑小屋を買い、崎枝で生活を始めました。川平湾から山を越えてくる風は冷たいし、冬の水浴びは体にこたえました。夜は夜で、ランプひとつ。読み物も出来なかった。近所も遠く、夜は家から一歩も出ることが出来ません。家族も離れていて、何とも言えない淋しい日々を送りました。

晴れの日は寸暇をおしんで、遅くまで畑仕事。洗濯は、仕事に出られない雨の日に済ませました。『あなたたちの生活は人と逆だね』などと、笑われたりしたものです」。やはり、金城さんは違う。「読み物も出来なかった」などという言葉は、他所では聞かれなかった。同時に、金城さんは人一倍、子どもの教育に熱心だ。崎枝中学校の設置に関しても、随分尽力された。後に、五名の子どもさんも、全員を大学へ送り出した。

「三年後、どうにか農業が軌道に乗り、家族を呼び寄せることが出来ました。家も中古を買いました。家族は一緒でないと、いけませんな。これからは、どんな苦労も乗り越えることが出来る。そんなふうに感じました。

後に、屋良部岳からの簡易水道が完成。電気、電話の開通。原始生活から一気に文明社会に飛び込んだようでした。本当に感無量でした」。ほどよく、酔いがまわった頃、金城さんが言った。

「うちには、娘が四名いる。先生、どれでも好きなものを持って帰ってください」。金城さんは冗談がきつい。

狩俣恵敷《かりまたけいふ》さんに会った。二年生の恵子さんの父親だ。会った早々、紙に自分の姓名を書いて、私に見せた。

「恵敷です。『ケイフ』と呼んでください。本当は読まんはずだが」。一瞬、何のことか分からなかった。私が問い直すと、「名前は『けいしき』としか読めないはずだが、親が付けたから、そう呼んで欲しい」と言うのだ。私は、「承知しました」と答えた。しかし、ケイフで良いのではないか？　気になったので、あとで辞典で調べてみた。「敷」の音読みは「フ」だ。沖縄では音読みで命名することが多いから、狩俣さんはケイフで正しい。本人が、勘違いしているだけだ。

「一九五七年、宮古島より入植しました。すでに兄が買ってあった土地を開墾し、パイナップルを栽培しました。トラクターはなくウマを使いました。荒れた土地で、なかなか仕事がはかどりませんでした。しかし崎枝は土壌が合うのか、たくさん収穫しましたよ。一九六〇年頃はパインブームで、最盛期は搬送を待つパイナップルが山積みになっていました。パイン会社と契約栽培していたから、順調でした」。狩俣さんは、日焼けなのか、顔が真っ黒だ。

「海へ行かれるのですか」。そう尋ねると、顔に向けた私の視線が分かったようだ。

「カツオ船です。半年間、パラオとかフィリピン方面へ行っています」。狩俣さんの話では、船会社に漁師として契約しカツオ船に乗る。八重山から船団を組んで南洋へ行くそうだ。生活はカツオ船の上。毎日、カツオを釣って母船へ運ぶ。操業が終わると、現地で船を下り、たいてい飛行機で帰国するそうだ。床の間には、貝細工や面など南方のみやげが並んでいた。

私は多くの人から崎枝の歴史を聞いた。正確には戦後の開拓の歴史だ。正直言って、日本にこのような歴史があったことに驚いた。南方の未開の島ならともかく、遅くとも八世紀以来、秩序だった村落が存在し続ける石垣島。しかも、周囲八〇キロ足らずの小さな島だ。

家族を残し、自由移民という裸の旅立ち。石垣島へ渡り、明日をも知れない土地に挑んだ。道らしい道もない、ススキとカヤの原野。恐ろしいマラリア。初めて崎枝に入った時は、どんな気持ちだったろう。沈み行く夕陽を眺めながら、明日、朝日が昇ることを信ずることが出来ただろうか。

初めてのイモの収穫。換金作物の導入。家を建て、家族を呼んだ時の喜び。苦労が大きい分、喜びも大きい。ようやく見えてきた希望。一方、イノシシやカラスの害。台風や旱魃。何度も訪れるゼロからのやり直し。こころざし半ばで去った人も多いと聞く。

住人が一丸となって作った道、水道。電気を通し、学校を建て、畑も広げた。

私が赴任したのは一九七〇年。二〇年前の一九五〇年頃は、わずかな人しかいなかった。他所では数百年かかる歴史が、崎枝では二〇年間で動いたのだ。

崎枝の人たちは強い。まさに開拓魂だ。原始時代の得体の知れない底力と同じものを感じる。強さの一部は、苦労の過程で培われたものだろう。だが、私は思う。強いから崎枝に入って来た。強いから苦難を克服出来た。そして、強いから明日のことを考えることが出来るのだ。私は教員として崎枝に滞在している。しかし、逆に崎枝の人たちから、多くのことを学んでいる。

理科部の活動は屋良部半島の小探検

石垣島には六つの山塊がある。まず、平久保半島にある山当山《さんとう》（二四六・九メートル）から久《く》宇良岳《うら》（二五四・八メートル）に至る山塊。主峰は安良岳《やすら》（三六五メートル）である。次は伊原《いばる》間《ま》の北にあるハンナ岳（二三八・九メートル）山塊。

次は、伊原間の西にある大浦山（一九二・五メートル）から名蔵湾のブサマ岳に至る石垣島脊梁山脈。川平の前嵩《まえたけ》も、この一部とみてよい。野底《のそこ》岳（二八二・四メートル）、ホウラ岳（三四一・八メートル）、桴海於茂登《ふかいおもと》岳（四七七・四メートル）、於茂登岳（五二五・八メートル）が、この山塊にある。於茂登岳は石垣島の最高峰で、沖縄県でも一番高い山だ。

次は、バンナ岳（二三〇メートル）を主峰とする川良山山塊。そして、屋良部岳（二一六・五メートル）を中心とする屋良部半島の山塊だ。

屋良部岳は崎枝を象徴する山だ。崎枝小中学校の校旗に描かれ、校歌にも名前が出てくる。

屋良部岳。「せっかく崎枝にいるのだから」。私は一度、登ってみたいと思った。

「屋良部岳に登ったことあるか」。理科部の集まりで、生徒に尋ねた。ところが、「ある」と答える生徒は一人もなかった。

「登ってみたいか」。今度は、そう尋ねた。せっかくなら、私一人でなく、生徒と一緒に行こう。出来れば部活動の一環として。そう思っていた矢先だ。

「行きたい」。どよめきのような歓声が起こった。こういう事は、皆大好きなのだ。ただ、生徒は遊びだと思っている。まあ、それでも良い。

「よし、決まりだ。今度の土曜日にしよう」。だが、生徒は、誰も登ったことがない。だったら道を知っているはずはない。

「道はあるか」。それでもと、一応、道について尋ねてみる。

「お父さんがよ、言っとった。宮良の後ろから行けるって」。与那覇高司が言った。

「でもよ、今は道がないはず」。前泊富雄が付け足した。高司と富雄の家は隣同士だ。宮良さんとは数百メートル離れているが、いずれも、同じ崎枝の五班に入っている。与那覇家と前泊家が移住した当初、父親たちは頻繁に山へ入ったそうだ。材になる木を探したり、開墾出来る土地を探し回った。息子たちは小さい頃から、屋良部岳の話を聞いて育っている。

現在、学校の裏手から屋良部半島を横切り、屋良部崎へ抜ける林道がある。舗装されていて、車で簡単に入ることが出来る道だ。この林道を利用すれば、屋良部岳は一〇分歩くだけで山頂に立つことができる。しかし、私の教員時代、林道はなかった。

戦時中は、郷土防衛隊が山頂に機銃を据えていた。当然、登山道があった。開拓時代も途中まで道があったようだ。その後、長い年月を経て、今では道も消えている。ただ、宮良さんの裏手の山に、登山ルートがあるようだ。

「分かった。道がなければ作れば良い」。私は、次の土曜日に登ることを決め、数名の生徒に鎌を持参するよう言い渡した。

土曜日、授業がひけると、生徒は一旦帰宅した。私は弁当を食べながら、学校で待った。

「さあ、出掛けよう」。皆が集まったところで出発だ。

サーカーラを越え、五班に入った。

「ほら、ガマがあるでしょう」。仲嶺豊の家の前に来た時、豊が言った。

「ガマだったら、サーカーラの奥にもあるさ」。福里清信が付け加えた。サーカーラは五班を流れる沢で、つい、今しがた通って来た所だ。小さいながら、いつも水がある。大雨の時は、一転激流となり、生徒たちは登校出来なくなることもある。

「よし、今度、ガマに入ろう」。鍾乳洞も面白そうだ。次の機会には、ぜひ、入ってみたい。

やがて、高司と富雄の家を通過。じきに宮良さんの家の近くへ来た。

「先生。ここからみたいさ」。高司が指す斜面は扇状地のような地形で、緩やかな上り坂になっている。ススキ原の中に、踏み分け道が見えた。宮良さんが、たまにイノシシ捕りに入山しているのだろう。

「まずは、行ってみよう」。私たちは、しばらく、その道を辿った。ススキ原が灌木林になり、うっそうとした林に変わると、やがて鞍部《あんぶ》に達した。

「ここは、半島の中央を東西に走る稜線だろう。そうだとすれば、西へ向かえばよい」。それまで高司が先頭を歩いていたが、私が先頭を交代した。道はすでにないが、林の中は、比較的歩きやすい。

しばらく緩い尾根を進むと、所々で、母岩が露出していた。沢ではない。おそらく道の跡だ。かつて、材木などを曳いて、何度も通ったのだろう。一旦母岩が露出すると、地面は容易に回復出来ないものだ。長い間使われていないようだが、無理なく歩くことができる。きっと道の跡だ。このルートで間違いなかった。

すぐ後ろにいた高司が、近くの葉をたぐり寄せた。長さ三〇センチもある大きな葉だ。葉は先の尖った楯《たて》形をしていて、長さ三〇センチもの柄が付いている。木はスーッと伸びて細く、幹の太さ五センチ、高さは、せいぜい四メートルだ。

「先生、知っているか？　日の丸って言うんよ」。私は、長い柄と大きな葉から、手旗を連想した。でも、何故「日の丸」なのだ。怪訝な顔をしていると、高司は、「よう、よう」と、意味もない言葉を発しながら、鎌で一撃した。スパッ。ツルツルの緑色の幹は、実に簡単に切れた。「なるほど、そうか」。私は納得した。断面を見ると、芯が真っ赤な色をしている。外側部分は黄白色。確かに日の丸模様だ。緑色の樹皮は、意外と薄かった。

後日、図鑑で調べてみた。「日の丸」はオオバギというトウダイグサ科の小高木だった。材が柔らかく、たとえ成長しても、建築材にも薪にもならない木だ。東南アジアには、たくさんの種類がある。

屋良部岳の森林で驚いたことは、リュウキュウコクタンとイヌマキが多いことだ。言葉が悪いが、どちらも、「金になる木」だ。もっとも、大きな木はほとんどない。すでに、伐採されている。

リュウキュウコクタンは、沖縄ではクルキと呼んでいる。「黒い木」の意味だ。樹皮が黒く、特に芯は黒色で非常に堅く重い。芯材は、昔から三線のさお、装飾品の材料として珍重されてきた。

クルキは、木が太いからといって、太い芯があるとは限らない。屋良部半島の北側のように、強い北風にさらされなければ、使えるような芯材は採れない。すくすく成長した木は、ほとんど芯がない。

クルキの伐採は、厳しく禁止されている。しかし、石垣島にも西表島にも、クルキ採りで生活する人がいた。芯材が採れるような太い木は、重くて運搬が出来ない。そこで、伐採したら、その場に二年くらい放置する。白材は腐るが、芯材は何年たっても腐らない。イヌマキは、シロアリに強いので、沖縄では建築材として珍重されている。特に柱や床下の梁《はり》に使われる。八重山ではキャンギあるいはチャーギと呼んでいる。

ツルアダンもあった。長さ一〇メートル以上になる蔓植物で、五月頃開花し、何とも言えない甘い芳香を放つ。海岸林にあるアダンと違い、ツルアダンは深い、しっかりした森林でなければ育たない植物だ。

屋良部の森は、想像していたより良い状態だった。私にとって驚きだが、同時に、大変うれしいことだった。

道は、にわかに急な斜面に変わった。南に回り込むように、グングン高度を上げて行くと、やがて、大きな岩に突き当たった。

「さあ、またルート探しだ」。方向を定めようと、岩の上に出た。すると、どうだろう。そこが山頂だった。あっけない結末だ。標高二〇〇メートルそこそことは、この程度か。

しかし、山頂は実に快適だ。涼風が吹き上げている。眺望が素晴らしい。眼下は一面の緑だ。こんもりとした森林が幾重にも重なる。こう見ると、屋良部半島も広い。

北に目をやれば、川平半島が見える。崎枝湾も前嵩も見えている。しかし、畑も道も、およそ人工的なものは見えなかった。

山頂を西側にまわると、岩の上に、セメントで固めた部分があった。ほぼ一メートル四方、さび付いたボルトが少し頭を出している。これが、話に聞く銃座の跡だろう。白保飛行場を守るた

屋良部岳。小さな山頂にこれだけの人が立つことはない。

めの機銃が据えられた場所だ。

銃座が残る岩からは、八重山の島々が一望出来る。竹富島、黒島、小浜島。西表島だって、手に取るように見える。それはともかく、御神崎の灯台が、すぐ近くに見える。これには驚いた。頭の中では、屋良部岳は、御神崎より学校に近い。ところが、じつは学校からは遠く離れ、半島の奥に位置している。むしろ西海岸に近いのだ。

「先生。御神崎へ下りてみたいんだけど」。清信が言い出した。私は南東側へ下るつもりだ。疲れている生徒もいるから、学校に近い方から戻りたい。しかし、行きたい生徒は行かせれば良い。「いいよ。でも、一人で行くなよ」。そう言うと、「僕らも行くさ」と、勝廣と高司が言って、三名は連れだって、一足先に出発した。崎枝の生徒なら間違いは起こすまい。このあたりは、私より詳しいはずだ。

我々、残りの部隊もじきに出発した。帰りは真南に向いた谷に入ったが、谷はじきに東方向へくだっていた。幅のある浅い谷だ。ところが、樹木がうっそうと繁り、晴天だというのに、薄暗い。

たくさんのモダマの蔓が垂れ下がっている。皆で、ひとしきりターザンごっこをした。モダマは「ジャックと豆の木」を彷彿させる巨大な蔓植物だ。大きいものは幹の直径が三〇センチ以上になり、枝分かれし、四方八方に伸びる。蔓は森全体に広がり、元の木がどこにあるのか、探すのが難しいほどだ。豆も巨大だ。莢が一メートルを超す大きさになり、その中に、直径五センチもの平べったい種子を一〇個も作る。種子は、初め緑色だが、熟すると堅いつやのある焦茶色に変わる。

谷を下りきると、三班の宮国末子《みやぐにすえこ》の家が見えた。そこまで出れば、学校まで農道が通じている。今日の山歩きは、たいした距離でなかった。しかし、初めてだというのに、間違えることなく、よく歩くことが出来たものだ。

我々は、夕方遅くなって学校で解散した。御神崎へ下りた三名は、直接帰宅したようだ。

次の週、学校で屋良部岳登山が話題になった。すると、参加出来なかった男子生徒や、女子生徒からも、「行きたい」、「連れて行って」といった希望が出た。

ずっと後のこと。三年生が高校入学試験へ出掛けた日。私は彼らと一緒に、再び屋良部岳へ登った。

於茂登岳にも何度か登った。普段は於茂登集落までバスで行き、そこから一般登山道を歩いた。登山道入口から山頂まで二キロ少々の道のりだ。帰りは登山道をそれ、嵩田《たけだ》へ下りた。現在の名蔵ダム方面だが、当時、まだダムはなかった。

一度は、荒川を遡行《そこう》した。米原《よねはら》の手前にある大きな沢で、カンヒザクラの自生地として知られる所だ。途中、滝が二つあるが、特に危険な場所もなく尾根に達することが出来る。ところが、於茂登岳の山頂へ向かう中間点のあたり、アダンの大群落がある。葉に鋭いトゲがあり、通過の際、相当痛い思いをした。それでも、三時間後には山頂に立ち、一休みした後、私は四箇の下宿まで歩いて帰った。

屋良部岳登山の興奮が、さめない頃、今度は鍾乳洞について尋ねてみた。

「一班には無いなあ。底地にも無いし」。山に詳しい孝吉の話だから、本当だろう。底地は崎枝湾の一番奥で、孝吉がヤシガニを採った海岸だ。

「先生。二班にも無いよ。赤崎にも四班の浜でも見つからんし」。義弘は二班に家がある。後ろの四班の浜には無いし、前の赤崎にも無いと言っている。赤崎は崎枝の南海岸で、丘陵はサトウキビ畑、低地には水田が広がっている。

「屋良部崎から御神崎に歩くとよ、ガマがいくつもあるさ。僕が知っているだけでもね、久高屋ガマ、長田ガマ、イラブガマがある。でもさ、何と言うか、ああいうのは洞穴とは言わんはずよ」。勝廣の話では、海岸の崖に大きな窪みや割れ目がある。御神崎灯台の下にあるガマと同じようなもの。洞穴と言えるような深いものではなく、コウモリも見あたらないようだ。

「このあいだ見たでしょ。僕の家の前」。豊が言う。

「まだあるみたいさ」。高司と富雄がつけ加えた。

結局、情報が得られたのは五班だけだった。先日聞いたサーカーラ一帯のみだ。五班には三年生男子九名のうち四名が住んでいる。それだけ情報の密度が濃い。

「先生、四班にもあるかも知れんさ」。清信の意見だ。毎日、学校の行き帰り四班を通るのだが、地形から見て、鍾乳洞がある可能性が強いと言うのだ。

「そうだな。四班と五班の境がサーカーラだから、あっても不思議ではないね」。

我々はまず、分かっている鍾乳洞から潜ることに決めた。毎年、学年度末に八重山郡理科研究発表会がある。私は、崎枝の鍾乳洞調査を理科部の研究テーマとし、発表会に出させようと考えた。鍾乳洞の分布地図を作り、それぞれの内部の見取り図を作成する。さらに、洞内の生物採集をする。無理なく活動出来、まとめやすい内容だと考えた。なにより、半分は探検気分だから、崎枝の生徒にはピッタリなテーマだと思う。

土曜日の午後、最初の鍾乳洞へ入った。まず、入口の光が見えなくなるあたりで、一旦、消灯させた。

「暗いなあ」「何も見えんぞ」。必ず、誰かがしゃべりだす。

「うるさいぞ。これは訓練だからな」。私は生徒を諭し、一〇分間は静かにするよう命じた。これは儀式のようなものだ。目を順応させ、気持ちを切り替える重要な意義がある。ライトが切れたり不意の事故が起こっても、あわてないよう闇に慣れるためだ。

ところが、皆、初めての体験だ。楽しくて仕方ないのだ。

「うっ、うっ」。笑いをこらえる声。何がそんなに面白いのか。

「先生。寛がよう、くすぐる」。

「浩二。お前、何を言うか」。そのうち、ドッと笑いが起こる。これでは訓練にもならない。

その頃になると目も慣れ、入口の方向がうっすらと見えるようになった。

中は歩きやすかった。かがんで歩く必要もない。つらら石や石筍《せきじゅん》が折られ、天井も削られている。戦時中、壕《ごう》として使っていたのだ。天井や壁が、にじみ出た赤土で汚れている。ガジュマルの根が浮き出ている部分もある。洞穴のすぐ上が地面で、薮になっているのだろう。

しばらく行くと突き当たりになり、洞は鉤型《かぎ》に右に曲がっていた。一番奥で、もう一度ライトを消させた。

「うわーっ」。ため息に似た声がもれた。

「いいか、これが本当の闇だ」。そう言った後、しばらく黙ってみた。暗いだけでなく、何か、体に射し込んでくるようなピリリとしたものを感じる。

「本当に、何も見えんなあ」。「そうだよな。暗いと言ったって夜は歩けるものなあ」。生徒たちも身をもって真の闇を理解したようだ。

崎枝には、約五つの鍾乳洞がある。情報通り、サーカーラ一帯に集中していた。中には見事なフローストーンを持つ洞穴もある。フローストーンとは洞穴の壁や石柱の表面を流れる水から炭酸カルシウムなどが析出《せきしゅつ》し、それが沈澱した物のことだ。真っ白に輝き、あたかも滝のように見える。しかし、洞穴の規模が小さく、ほとんど鍾乳洞としての魅力に欠ける。道端にある洞穴はチリ捨て場に利用されてきた。ガラス片が散乱し、かなり慎重に潜らなければ、けがをする危険がある。

洞穴の中ではアシダカグモやムカデ、ゲジを見つけた。特に入口には何種類ものヤスデがいたり、大きなカマドウマが群れを作って壁に張り付いていた。たまに、ヘビがいることもあった。いずれもサキシママダラという毒のない種類だった。

今は、洞穴に入る人がいない。そのため、洞穴への道は藪に隠されてしまっている。生き物に関しては、洞穴の中より、むしろ、入る前の藪のあたりが面白かった。ただ、藪では、ヒルに血

オオジョロウグモ

を吸われることもあった。

木と木の間には、大きな網が張ってある。オオジョロウグモの網だ。オオジョロウグモは体長五センチ、足を広げると二〇センチにも達する大きなクモだ。網を張るクモでは最大の種類で、奄美大島以南の琉球列島、東南アジア、オーストラリアまで広く分布する。石垣島では低山帯や平地、住宅街でも普通に見られるクモだ。おなじ網にいる小さなクモがオス。体長〇・五センチから一センチ、メスに比べると極端に小さい。同じように小さいが、褐色で弱々しく見えるクモは、イソウロウグモという別の種類だ。オオジョロウグモのおこぼれで生きている掃除屋さんだ。

倒木の樹皮をめくったら、スーッと虫が動いた。ヤエヤマサソリだ。思い切って剝がしたら、さらに数匹出てきた。

ヤエヤマサソリは三センチ前後のサソリで、黒っぽい褐色をしている。はさみは体に比べて大きく、恐ろしい形相をしている。石垣島、西表島および宮古島に分布し、国外では熱帯アジアからオーストラリアに広く分布する。朽ちた倒木だけでなく、リュウキュウマツの樹皮の下に潜んでいることも多い。

石垣島には、サソリがもう一種類いる。マダラサソリといって、全長五センチ前後、明るい褐色をしている。尾部とはさみは細長く、明褐色のマダラの模様が体じゅうにある。人家周辺でよく見つかり、特に薪とか建築資材などを庭先に積んでおくと、そんな所に住むようになる。また、夜など家に侵入してくることもある。

「サソリがいた」。生徒が学校へ持参する種類は、たいていマダラサソリだ。

マダラサソリ

二種類のサソリとも、尾の先端に付いた毒嚢《どくのう》に鉤型の針がある。針は一本だが、マダラサソリは、針に対向するように、小さな突起が付いている。両種類とも毒は強くない。

タイワンサソリモドキは、サソリの尾の部分が長い鞭《むち》になっている。黒褐色のからだ、大きなはさみ、サソリより余程危険で怖そうに見える。しかし、毒はない。かわりに肛門腺から酢酸臭の強いガスを放出する。森林内の倒木や石の下などに潜み、夜、餌を求めて歩き回る。時々、鍾乳洞の入口付近の壁にいたりする。

こうして、理科部による鍾乳洞調査は順調に進むかに思えた。一一月末には、残すところ僅かな調査と、資料のまとめの段階に近づいていた。ところが、一二月に入って思わぬ事態が起こった。サトウキビ収穫の始まりである。土曜日の午後と日曜日、生徒は皆、家の手伝いだ。一人として例外はなく、家族と共に畑へ出掛ける。しかも、収穫は早い年でも三月末まで続く。悲しいかな。教員生活初年度の私には、想像も出来なかったことだ。どうみても、期限内のまとめは不可能になった。生徒に対して申し訳なかったが、私は研究発表会への参加をあきらめた。

崎枝の調査が挫折したことは残念だ。しかし、私自身は時間を作って鍾乳洞に入り続けた。ただし、崎枝へは行かない。生徒たちが働いているのに、その前を通ることは出来ない。だいたい、生徒たちは鍾乳洞調査を半分遊びのつもりでいる。皆の仕事中、教員だけ遊んでいるわけにはいかないではないか。

鍾乳洞はむしろ崎枝以外に大きなものがあった。今は「石垣島鍾乳洞」、「サビチ洞」など観光地になっている程だ。もちろん当時、観光用の洞穴はなかった。石垣島最北端にある平野洞は、

サトウキビの収穫。学校農場は生徒とＰＴＡの奉仕で運営される。

平野集落のすぐ裏手の山裾に開口している。カグラコウモリが多かった。伊原間の「サビチ洞」は、天井の高い大きな洞穴だ。山側から入り、バス道路をくぐって海側へ続いている。

バンナ岳一帯では、「フクブクイザー」の他、名もない洞穴をまわった。以前入った崎枝の洞穴群もそうだったが、戦時中日本軍が利用したため、壁や天井が削られ造成されていた。それだけでなく、水が溜まり、まったく入ることが出来ない洞穴も多かった。

嵩原にある「ンマファーイザー」は「馬を喰う洞」の意味だ。昔は放牧したウマが落ちて死ぬこともあったそうだ。大きな洞ではなかったが、ハブが多かった。

「マリヤ洞」は牧場内にある大きな鍾乳洞だ。現在は「石垣島鍾乳洞」という観光地になっている。私は幾つもの支洞に入った。中でも裏田原へ向かう数本の支洞は細く、煙突を寝かせたような造りだ。しかも、緩やかな下り坂になっている。腹ばいで進むのだが、ある所まで行くと、穴が細くなり、前進はもちろん、向きを換えることも出来なかった。もし、ライトが切れたりしたら、脱出することも不可能だっただろう。

穴は、どろどろの粘土で被われている。しかし、ずっと先まで続いているようだ。おそらく大水の時は、大量の水がこの穴を通って、ずっと下の低地や海に排出されるのだろう。

マリヤ洞へは、勝廣と清信と一緒に潜ったこともあった。我々は主洞の詳細図を描き、入洞を許可してくれたお礼にと牧場主である宮良さんに渡した。後から聞いたのだが、私が石垣島を発って間もない日に、小学生二名が洞穴に入り行方不明になった。その時の捜索には、私が作った地図が大いに役立ったそうだ。

4　冬、北東の季節風と降り続く雨

崎枝の生徒ならではの悩み

学校の裏山に登った。校舎の裏手には、植え付けの準備を済ませたキビ畑がある。脇の畦道《あぜみち》は、タイワンヒヨドリバナモドキで埋めつくされている。普段は見向きもしない雑草だが、真っ白で小さな花が密に咲いて、鳥のとさかのようになっている。

右の浅い谷では、斜面いっぱいにサキシマフヨウが咲いている。ブッソウゲやムクゲと同じハイビスカスの仲間だ。陽当たりのよい林縁部に多い亜高木で、高さ五メートルになる。毎年、晩秋から冬の初め、ちょうど新しいサトウキビの植え付けと、前年に植えたサトウキビの収穫の頃、花を咲かせるが、赤みを帯びた白い大輪の花は、樹冠を覆いつくすほどたくさん咲き、なかなか見事な光景だ。

キビ畑を過ぎると、にわかに急斜面になる。ススキの穂が満開だ。

ススキの原を抜けると背の低いチガヤの原に変わる。油断すると滑りそうな斜面だ。ポッン、ポッンとリュウキュウマツがある。チガヤに混じって、ゲットウが赤い球形の小さな果実をつけている。ゲットウの葉は大きく、豊年祭の時、モチを包むのに使う。ショウガの仲間で、大変よい香りがするのだ。

オオムラサキシキブも結実している。球形の赤紫色の果実が、ちょうどノブドウのように実っている。

ハゼノキは、真っ赤に紅葉する落葉樹だ。八重山には紅葉する植物が少ないから、際立って目立つが、皮膚の弱い人は、かぶれるから注意が必要だ。

黄色いガーベラのような花が咲いている。葉は大きく、日本本土のフキに似ている。これはツワブキだ。

一年中、野辺は緑色。しかし、校庭を出てふと周囲を見てみると、やはり、季節の移り変わりが感じられるものだ。

ジーワ、ジーワ、ジーワ。イワサキゼミがないている。もの悲しい声だ。

「秋も終わりか」と感じる。イワサキゼミは、内地に棲むツクツクホウシの仲間だ。石垣島と西表島に分布している。崎枝のような、山麓部から平地へ移行する集落周辺に多く、盛夏の八月に鳴き始め、最盛期には大合唱となる。セミの中では一番遅く、一一月末まで成虫が見られるが、

サキシマフヨウ

このセミの声が聞かれなくなると、八重山も冬の季節風期となる。学校から、ものの五分もかからないのに、普段、用事がないから、なかなかここまで登らない。それにしても、良いものだ。毎日通う学校も、上から眺めると、また、違った味わいがある。生徒も満足そうだ。

裏山からはパノラマが広がった。中央の一番奥に於茂登岳が見える。澄んだ秋空に、くっきり浮かんでいる。遠景は左から右手に脊梁山脈が走っている。その手前は、於茂登岳から崎枝に向かってくる尾根。左手に前嵩も見える。両者の鞍部にあたる一帯がヨーン。ヨーンの向こう側に川平湾がかいま見えている。中景は広大な耕作地帯。今はサトウキビの花で真っ白だ。まるで、雪が積もったようだ。八重山では、秋の終わりにススキの穂が開く。サトウキビも同じ時期に花を咲かせる。幹線道路に沿って、点々と見えている家は、生徒たちの家だ。

学校は、すぐ足下に見えている。屋良部半島を縦断する緩やかな稜線の上にある。ちょうど、鞍部に位置していて、北へ下れば崎枝湾。南へ下れば名蔵湾。もちろん、その先にある川平半島や、バンナ山塊も一望することが出来る。本当に、これだけ自然に恵まれた、空気の良い学校がどこにあるだろうか。ここで、教員になることが出来た幸運に、改めて感謝したい気持ちだ。

気が付くと、生徒たちは、思い思いに集まって雑談したり、何やら草を使って遊んだりしている。男子生徒は学生服に学帽。女生徒は紺か黒のセーラー服。何名かは白い夏服。夏服に白いカーディガンを羽織っている生徒もいる。なんだか、とても良い雰囲気だ。昔みた映画、「青い山脈」の一コマを見ているような気分だ。私は、何もしないで、しばらくボーッとしていた。

「大浜先生がね、安間先生の話を聞けと」。傍らにいた豊が、突然、言い出した。「何だよ。それに、『聞け』じゃないだろ。『聞きなさい』だろ。大浜先生が何と言った?」。私は、豊の唐突な言葉に驚いた。一方、言葉を正されて、豊は尻込みしてしまった。

「大浜先生がね、『安間先生の言葉が標準語』と言ったんです。『せっかく本土の先生がいるのだから、よく勉強しなさい』って」。清信が、豊を助けた。八重山では標準語を聞く機会が少ない。私が本土出身だから、私がいる間に、「せいぜい発音などを学びなさい」、そのような話が、授業中に出たそうだ。大浜勝利さんは英語を担当している。語学の先生だから、特に言葉や発音に関して、生徒にアドバイスしたのだろう。

「そうか、でも僕は静岡出身だからな」。そう言うと、二人は沈黙し、困惑を隠せない表情に変わった。

「しまった」。私は謙遜したつもりだ。しかし、生徒には通じなかったようだ。

「いや、方言が混ざることもあるかも知れない。でも、これが標準語だよ。発音も、まあ、大丈夫だな」。そう話すと、ようやく二人は安心した。

生徒との会話に、謙遜は禁物だ。分かっていることは、はっきり自信を持って話す。分からないことは、まず、「分からない」と、はっきり言う。その後、「でも、こういうことかも知れない」と、知識や経験から、説明をこころみる。

「調べてから伝えるね」でも良い。そういう態度に接すると、生徒は安心するらしい。もっとも、何を聞いても、「分かりません」では、信用がなくなる。また、本当に知っているなら構わないが、何でも簡単に答えるのは、嘘っぽく聞こえる。

その後も、私と生徒の会話はいつも通りだ。ところが、ふとしたとき、「こう言ったほうが良い」と、言葉を選ぶことがある。私は、間違った言葉づかいはしていないと思う。しかし、幾通りかの言い方がある場合、より正しい、ていねいな、少しでも遣いやすい言葉を使うように心掛けた。

同じ裏山での出来事だ。

「先生。僕ら何人《なにじん》かね？」。私が想像もしなかったような質問が出た。訊いたのは富雄だ。「日本人かなあ？」。もう一度、尋ねてくる。当たり前だ。どうして、そんなことを言い出すのだろう。

「だって、本土へ行くときパスポートが必要でしょ。本土は外国っていうことじゃないの。それに、金はドルを使うしさ、車も右側通行でしょ」。どうも、腑に落ちないようだ。私は、すぐ、わけを話そうと思った。しかし、思いとどまって、「それじゃあ、みんなは、何人《なにじん》と思っている？」。意地悪な質問をした。

「琉球人？」。「いや、沖縄人さ」。「やっぱり、日本人かなあ」。様々な答えが返ってくる。

「アメリカ人と違うか？」。春全が言う。

「おい、春全。お前みたいに背が低くて、鼻ぺちゃなアメリカ人はおらん、おらんぞ。髪だって真っ黒だし」。皆、一斉に笑った。

「ばーか。言葉は日本語だぞ。教科書だって日本の教科書だ」。俺はアメリカ人ではない。高司が、そう主張している。

「祝日には、日の丸を立てるよ。やはり、日本人じゃないの」。今度は豊だ。

「先生」。清信が発言した。

「戦争があったからでしょ？　本当は日本だけど、アメリカが支配しているんでしょ？」。もう良いだろう。私は清信の話をさえぎった。

当時、沖縄は、公的には「琉球」である。「自分たちは、どこの国民だろう」。生徒が悩むのも無理はない。通貨、交通、パスポート。話に聞く日本本土とは様子が違うようだ。さらに、船は、後尾に「リュウキュウ」とアルファベットで書いた三角旗を立てている。

第二次世界大戦と敗戦。現在までの歴史は、ごく簡単だが、学校で教えられた。しかし、生徒たちは生まれてこの方、ずっと琉球政府の時代だ。成長半ばで、世の中が変わったのではない。だから、本土と同じ日本だと教えられても、実感がない。

また、八重山に基地はなく、アメリカ人を見ることはまれだ。アメリカの統治下にあると言われても、ぴんと来ない。

「今、『琉球』と言っているけれど、本当は沖縄だ。日本の一つの県だよ。だから、皆、日本人だ。第二次世界大戦で、日本が負けた。その後、ずっと、沖縄をアメリカが統治している。そのため、ドルを使い、車の通行もアメリカ式だ。でも、分かるだろ。言葉は日本語。学校の勉強も、本土の生徒とまったく同じだ。『パスポート』と言っているが、あれは、沖縄だけの『渡航証明書』。本当のパスポートとは違うんだ。

早く、日本に復帰できるといいね。兄弟に会う時、渡航証明書はいらないし、両替の必要もない。楽になるよ」。

就職や大学進学で、本土に兄弟がいる生徒も多い。皆、私の話が理解出来たようだ。

沖縄は、私が崎枝を去った一年後の一九七二年五月一五日。二七年ぶりに日本復帰を果たした。

放課後、ほとんどの生徒が運動場でバレーボールをやっていた時。私はベンチに座って見ていたが、しばらくすると、一、二年生だけの自主トレーニングに替わった。じきに、指導していた三年の女生徒がベンチに来て、横に座った。

「どうした？　楽しそうじゃない？」。私が声をかけた。すると、一番近くにいた末子が話しかけてきた。

「先生、聞いて。昨日、夕飯の支度をしていたらね、Tが来たさ。何か私に話をしたかったみたいよ。私の家はね、先生、分かるでしょう。パイン畑の中の一本道しかないから、誰が来ても遠くから見えるわけよ」。末子は、だまっている訳に、いかなかったみたいだ。Tは同級の男子生徒だ。

「それでね、うち、急いで戸を閉めて、鍵をかけてしまった。やがて、Tがね、玄関まで来てトントンと叩くわけ。しつこいんだ。でも、うちね、あけんかったよ」。末子は興奮すると、自分のことを、「うち」と言った。

「どうして？　聞くだけ聞いてあげればいいじゃない」。私は、同性としてTへの同情もあって、そう言った。

「だって、うち、Tのこと嫌い。Tが、うちのこと好きみたいというのは分かるけどよ、でも、大嫌い」。末子はかたくなに、Tを拒絶している。

「先生は分からんでしょう。Tはね、暴力団よ」。物騒な話になってきた。

「先生がいないところでね、下級生をおどしたり、殴ったりするさ。小学校から、ずーっとそうだったよ。怖いさ」。Tだったら、するかも知れない。私も、そう感じた。しかし、この小さな学校で、問題になるような事件は起こっていない。私は、その話を無視して、「末子、それで、誰か好きな人いるの」と、からかってみた。

「いるわけ無いでしょう」。不意をつかれたのか、末子がどぎまぎしている。

「末ちゃんはね、いい人いるみたいよ」。すかさず、初美が言った。

「おい、初美。何を言うか。ばちかすぞ」。おやおや、これでは末子が暴力団だ。「ばちかす」は「殴る」という意味だ。おそらく、「罰を科す」が語源だろう。末子には、ほのかに想う先輩がいるようだ。

しかし、崎枝の生徒はえらい。授業中も奉仕作業の時も、ケンカしたり、お互いに嫌な態度をとる生徒がいない。皆、分かっているのだ。小さな村で、幼い頃から一緒に育ってきた。仲たがいしたら、学校が嫌になる。悪童が下級生を殴るのも、ちょっと格好をつけたいだけなのだ。

別の日、やはり運動場に出ていた時だ。学校からは、崎枝湾を隔てて川平半島の全体が見える。先端近くにはポン、ポンと三角形の丘が並んでいる。

「女生徒のオッパイみたいなあ」。ませたNの口癖だ。一、二度は無視してきたが、この日は、からかい半分に尋ねてみた。

「お前、見たことあるのか」。私は、雑誌か何かからの想像だと思った。ところが、Nからは、私が想像もしなかったような返事が返ってきた。

「ああ、Sの風呂場覗いたことあるさ」。照れ笑いしているが、それほど悪びれた様子はない。

「先生。Sの家よ。ガジャンが多くてたまらんさ。二度行ったけどよ、二度ともチャー咬まれてさ」。Nは、方言混じりに告白する。「ガジャン」とは方言で「蚊」のこと。Nが言う「チャー」は、「大変に」とか「ひっきりなしに」を意味する副詞だ。この場合は、「めちゃくちゃに」といったところだろう。つまり、覗きに行ったのは良いが、生垣に隠れてジッとしている間に、たくさんの蚊に刺されたと言うことだった。

「お前なぞ、マラリアにやられればいいんだ」と、思った。しかし、そうは言わないで、「馬鹿者が、そのうち補導されるぞ」と、言ってやった。まったく、どうしようもない生徒だ。

「『子を見れば、親が分かる』っていう諺、知っているか？　親が知ったら、さぞ、がっかりするぞ。なあ、N」。そう言うと、また照れ隠しなのか、Nはチョコンと首を傾けた。

「入植の話、聞いたことあるか。電気だって無かったんだぞ」。私が諭すように話すと、Nはうつむいて地面を食い入るように見ていた。根は素直なのだ。

「うん、知っている。灯りはマツの芯を使ったってよ。若い木はだめで、大きなマツの芯を使ったって聞いたさ。僕の時は、もう電灯があったけどよ、でも、チャー停電してさ。その時は灯油ランプを点けたさ。暗くてよ、勉強なんか出来んかった」。

「嘘を言うな。お前が勉強すること、あるのか。停電だって、宿題を忘れた理由にならんぞ」。Nが、ヘナヘナ笑っている。私だって、本気に怒っているのではない。

男子生徒の笑い声が聞こえたのか、女生徒たちがやって来た。

「ああ、良かった。先ほどの話を聞かれていたら、大変だった」。私は、ホッと胸をなでおろした。もっとも、女生徒の前では、Nもそこまで言わないだろう。

「先輩たちはね、勉強したくても、ノートも鉛筆も買ってもらえんかったって聞いたさ。川平の学校へ通っていたでしょ。折れて捨てられた鉛筆をこっそり拾ってね、使ったって。教科書なんか、先輩から譲ってもらうのが当たり前だったみたいさ」。功の話だ。

「みんな、学校の勉強なんかより手伝いの時間が長かったって。女生徒は家事の手伝い。男子生徒は薪を採ったり、暗くなるまで畑を手伝ったみたいよ」。ナツ子の話だ。

「小学校は、一九五一年に出来たでしょ。でもね、まだ分校だから、川平の本校へ行くことも多かったんだって」。幸子が話を始めた。

「何で行く必要があるか。分校だって学校じゃないか。ふん」。義弘が口をはさんだ。

「うるさい。義弘はだまっていろ」。ハハハ、叱られた。義弘はいつも、そんなだ。十分聞かないうちに口を出し、女生徒からも叱られる。

「先生が不足したり長期で休んだ時、仕方なくって川平へ通学したそうよ。それがね、兄さんなんかに聞いたんだけど、道が今のように良くなかったわけ。雨靴はあるが、泥水のほうが雨靴より深いから、結局、裸足で歩いたんですって。女生徒は、スカートをたくし上げるでしょ。男子生徒はね、半ズボンを、何と言うか……」。そこまで言って、幸子は少し照れた。

「ねじり上げて、ほら、フンドシみたいに三角形にして歩いたそうよ」。今では想像もつかない、大変な悪路だった。しかも、冬、帰りが遅くなると、ヨーンあたりは真っ暗で、子ども心に怖かった。ヨーンは、前嵩の後ろ一帯を指す地名だ。

ヨーンは「真っ暗」を意味する。私はしばらく「夜」の意味だと誤解していた。しかし、「夜」には「ユール」という方言がある。川平と崎枝の間に位置するヨーンは、道が狭くマツが鬱蒼《うっそう》と繁り、日中でも夕暮れのように薄暗い山道だ。多分、そんな状態から、この名前がついたのだろう。

「お弁当はね、イモを風呂敷に包んでいくんだって。風呂敷といったって、払い下げの服を四角に切っただけよ。後になって、お弁当箱を買ってもらったけど、中身は同じイモの輪切りだけだったでしょ。だからね、恥ずかしくて、川平の子に見えんようにして食べたって。先生。私、想像するだけで涙でてくるさ」。初美は、本当に心の温かな子だ。

「本当では、あるさ。俺たちは給食があるからしてよ、仕合わせでは、あるさ。ふん」。義弘が、いつになく神妙だ。それは良いが、「まともな日本語を遣え」と言いたい。それと、言葉の最後に「ふん」と、鼻から息を抜くのは、義弘が良くやる癖だ。

貧しいことは決して悪いことではない。両親だって、一生懸命やっている。子どもたちも、頭の中では分かっている。それでも、親には話せない惨めな思いをする。忘れられない苦い体験もしている。既存集落との経済格差からくる、子どもながらの精神的苦痛。生徒の兄、姉たちは、そんな中で頑張ってきた。あるいは、私の目の前にいる生徒たちも、そうかも知れない。ただ、小学校そして中学校が独立し、学校は崎枝の生徒だけの集まりになった。皆、生まれてから今まで、同じ環境を共有している。生徒は気付いていないが、今は恵まれていると感じる。

正月駅伝、アンカーは二日酔い

崎枝は少人数の学校で、体育は全学年一緒の合同授業を行っていた。男女を分け、下野英相さんが女子、男子の体育は私が担当した。

崎枝の生徒は平均してスポーツが得意だ。特に走る競技。短距離と長距離では、郡の大会で、いつも入賞している。簡単に「入賞」と言うが、八重山には中学が二〇校近くある。中には生徒数五〇〇名を超す大きな学校もあるから、崎枝の活躍は、すごいことだ。

崎枝は、日常生活がトレーニングそのものだ。通学だけで、一日数キロを歩く。土曜、日曜は、畑仕事の手伝い。海で良く泳ぐ。それに、親ゆずりのハングリー精神だ。

当時、八重山ではバレーボールがさかんだった。何より、気軽に出来る団体スポーツなのだ。バレーボールは屋外の競技。体育館がなくてもプレーできる。しかも、ソフトボールほどの広い運動場は必要ない。それに、ネットとボールがあれば、競技出来るという、予算の面もあっただろう。

授業ではバレーボールだけでなく、ソフトボールもバスケットボールも教える。だからと言って、それで大会に出ることは無理だ。幾つかの競技を選手が掛け持ちするにしても、崎枝中学はあまりにも少人数すぎる。

崎枝で、唯一バレーボールに力を入れたのは、他ならぬ下野さんの考えだが、八重山におけるバレーボールの盛り上がりも背景にある。

崎枝中学は、バレーボールが強かった。すでに二年間、ほぼすべての大会で優勝していた。指導する下野さんは、大学時代、短距離選手として活躍した。当時の八重山における一〇〇メートルの記録も、以前、下野さんが作ったものだ。彼は八重山郡体育連盟の役員もしていた。そんなことがあって、下野さんが赴任すると、その学校は体育がさかんになった。なかでもバレーボールは、下野さんの着任直後から強くなり、下野さんが転出しても、その後半年くらいは好成績を収めた。

私が崎枝へ赴任する直前の三月、全八重山バレーボール大会でも、女子の部で崎枝が優勝した。中学生だけでは足らず、選手の一人に小学生を起用したにもかかわらずだ。一年前の大会では、男女とも優勝した。

そもそも、中学校のスポーツは、生徒自身の資質もあるが、それ以上に指導者の技量が勝敗を左右する。特に団体競技においてそうだ。それは、下野さんの実績が証明するところだ。バレーボールの場合、選手と補欠で一一名。普通、体力や経験をもとに三年生から選手を選出する。足りない分は二年生、一年生から選ぶ。もっとも、これは崎枝だけのことで、他の学校は三年生だけで、十分にチームを作ることが出来る。つまり、崎枝は、ほとんどの生徒が選手だ。もちろん、素質がある生徒ばかりではない。それでも大会で勝つことが出来るのは、やはり、指導者に力があるからだろう。

私が赴任して最初のバレーボール大会は六月二七日と二八日の両日にあった。男子チームは途中で敗退、女子は準優勝した。女子の成績に、校長は満足していた。しかし、下野さんは、「先の大会で勝てたのに、だらしないぞ」とか言って怒っていた。

九月二〇日は八重山郡中学校陸上大会があった。崎枝からは一三名参加、なんと一〇名が入賞。内訳は一位二名、二位六名、三位二名である。もっとも、二位入賞の女子四百メートルリレーは四名として数えた。マラソンで優勝した二年の松川浩二は、その後、沖縄県大会へ八重山代表として出場した。そこでは、残念ながら入賞できなかった。

私はどんな体育の授業をしたかと言うと、一番多かったのは、学校を出てのマラソンだ。それだけで、おおかた時間が過ぎてしまうが、学校へ戻ってからは鉄棒やマット運動をさせた。

運動場での短距離走もやった。バレーボールはもちろん、ソフトボール、バスケットボール。冬はラグビーもやった。ラグビーボールは、私が東京から持参した。

一度、土曜日、四校時を利用して屋良部半島一周マラソンをやったことがある。授業といえば授業に違いないが、半分は崎枝の小探検の一環だ。崎枝に住んでいるのに、半島を一周したことがない生徒が多い。先の屋良部岳登山も同じだが、私は、生徒に崎枝を知って欲しいのだ。「まず足元。自然を学び、生活を知る。そこから郷土愛が育つ」。何かの標語みたいで、もっともらしく聞こえる。ただ、常に問題なのは、生徒は授業と考えていないことだ。この日も、授業を割いて、早めに遊びに出たくらいにしか思っていない。

他の先生が言っている。「安間先生は、いつも生徒を遊ばせている」。その通りだ。しかし、直接言ってくれれば良いのに、人を通して、噂みたいに届くから始末が悪い。

卒業後、何年も経ってから、「他の先生のことは忘れた。でも、安間先生の授業は良く覚えている」。会う生徒が異口同音に言う。「これが教育です」などと、自己弁護するつもりはない。ただ、あくまで体育の授業だったと主張したい。

一度、下見を兼ねてバイクで走ったことがある。かつて、半島をほぼ一周する農道があったようだ。今は、各所で沢に寸断されており、車の通行は不可能だ。しかし、バイクなら、どうにか通行出来る。もちろん、マラソンに支障はない。ただ、クロスカントリーというのが、ふさわしいような気がする。

御神崎をまわり、屋良部崎を過ぎた。そして、大崎を通る時、勝廣は複雑な気持ちだったみたいだ。自宅があるのに、そこを通過して、ゴールのある学校まで、まだ六キロある。勝廣は、ゴールから同じ道を戻らなければ、昼食にありつけないのだ。

強い日差しと空腹で、一周マラソンは厳しかった。しかし、一人として落伍者は出なかった。

屋良部半島。中央のピークが屋良部岳。

屋良部半島一周マラソン。もちろん授業時間内で戻ることが出来ない距離だ。一言、「マラソンに出る」と、話して行けば良かった。そこが、私の未熟な、いや、だらしない部分だ。学校を出たまま、いつになっても帰らないから、しばらく皆で待っていたそうだ。それでも戻らないから、最後は校長だけ残し、職員は帰宅した。その日は、さすが校長をはじめ職員に申し訳ないことをしたと思い、翌週の職員会議で謝った。

土曜日の午後は、よく、バレーボールの対抗試合に出掛けた。もっぱら、となりの川平中学校だ。

川平中学は、崎枝が常に意識し、勉強にスポーツに、競争してきた相手だ。となりだし、崎枝は川平から独立したということも理由の一つだ。

となりと言っても、学校を出て川平まで六キロメートルある。対抗試合は、行きも帰りもマラソンだ。それでも、崎枝は常に勝利した。こと、バレーボールに関して、川平は崎枝の敵ではなかった。

年が明けて、二月七日。バレーボール新人大会があった。新人大会は、二年生以下でチームを作る。崎枝の男子は、一、二年生全員でようやくチームが出来た。試合は、参加チームによるリーグ戦。この大会で、崎枝女子は三年連続優勝という偉業を遂げた。一方、男子は二勝三敗で敗退。それは仕方ないことだ。私はバレーボールの指導が出来ない。

ところが、この大会で、男子は川平中学に惨敗した。川平チームのたゆまぬ練習が実を結んだのだろう。しかし、私にしてみれば、崎枝の負けは、おごりか油断が原因としか思えない。

試合終了後、私は、全員を校舎裏に呼びつけた。多くは語らなかった。しかし、初めてみる私の怒りに、一年生は泣きべそをかいていた。

次の日から、放課後、しごきとも言える特訓を始めた。運動場は使わなかった。常に裏山でやった。ウサギ跳び、腹筋、腕立て伏せはもちろん、短距離走もやった。

発声練習を初めて取り入れた。誤解されては困る。音楽部の「アアアア……」ではない。大学の運動部がやる例のやつだ。両足を広げ、背筋を伸ばして直立させる。手を腰にあて、腹に力を入れ、一人ずつ大声で自己紹介させるのだ。

「お前はだれだ」。こちらの意図も分からないで、普通の声が返ってくる。

「崎枝中学校一年、なんのだれだれです」。

「聞こえない」。

「さきえだちゅうがっこういちねん。なんのだれだれです」。

「『です』はいらない」。

「さきえだ、ちゅーがっこう、いちねん。なんのだれだれ」。

「聞こえなーい」。最初は、これくらいで泣き出してしまう。

「サキエダ、チューガッコウ、イチネン。ナンノダレダレ」。

「サキエダ。チューガッコウ。イチネン。ナンノダレダレ」。

声は、二〇〇メートルも離れた学校でも聞こえたそうだ。鬼と化した私に、生徒はもちろん同僚たちも驚いたに違いない。授業中は声も出ない日が続いた。それでも、一週間もすると生徒も慣れ、結構楽しんでいたようだ。

それから四ヶ月。「先生、川平中学に勝ちましたよ」。退職した私に、新三年生の下地《しもじ》修身《おさみ》から手紙が届いた。


一二月に入った最初の日。職員会議で駅伝の話が出た。毎年正月二日、恒例の全八重山中学校駅伝大会がある。八重山高校正門をスタートし、白保までの片道一〇キロを各チーム一〇名で往復する。

「安間さん、参加しましょうよ」。下野さんが言った。駅伝は男子だけの大会だから、担当する私の承諾がなければ事は始まらない。

「はい、ぜひ」。私の返事を受けて、すかさず、校長が言った。

「そうだね、ぜひ、参加しよう。出来れば五位には入りたいな」。

「分かりました」。私は、軽い気持ちで返事をした。ところが、これは大変なことだ。石垣中学校や石垣第二中学校は、マンモス校である。普通、陸上部で一チーム。他の運動部の三年生だけでもう一チーム参加させる。一方、崎枝校は三年男子が九名しかいない。それに、どう頑張っても走りが得意でない生徒がいる。五位に入るためには、二年生、一年生をまぜ、それをどんな順番でつなげていくかだ。

私は一二月の体育の授業をすべてマラソンに費やした。普段の体育の授業から、だいたいのことは把握している。しかし練習を通して、より的確な人選をし、最適な場所に配置したかった。

全生徒集合。日の丸の小旗には日本復帰への強い願望があった。

崎枝の道は、上り下りの繰り返しだ。マラソンの練習にはもってこいの地形である。授業では、学校からバス停までの片道二キロの道を、行きは掛け声を発しながら隊を組んで走る。私は先頭にいる。途中に、幾度も百メートルの全力走を取り入れた。帰りは自由だが、誰が速いか競争させた。もちろん私も一緒だ。

春全は学年で一番小柄な生徒だ。スポーツはあまり得意ではない。特に走ることでは、全学年一緒でも一番遅い。しかも並はずれている。マラソンは、多分、片道の二キロでも完走出来ない。私はそう思っていた。隊列から離れても仕方ないことだ。ところが、バス停に着いて振り向くと、一〇〇メートルくらい遅れて走ってくる。これは意外だった。

帰りも同じだ。学校へ着くと、たいした遅れもなく春全がゴールする。ところが、その割には汗をかいていない。「何かあやしいな」と思うが、彼が、皆に遅れをとっていないことは事実だ。詮索する必要はない。そんな日が何日か続いた。

私は、帰りもトップ集団と一緒に走った。ところがある日、生徒の走り具合を見ようと、途中で止まった。皆が次々通り過ぎていく。そのうち春全が来た。

「すみません」。彼はペコッと頭を下げ、私の前を走って行った。

確かに走っていた。しかし、自転車に乗っていた。

「やっぱり、そうだったのか」。私は彼の後ろを追った。彼は私に気付いて、何度も何度も頭を下げた。

最後の坂まで来た。春全は、パイン畑へ自転車を倒すと、学校へ向かって、今度は足で走り出した。そして、私と一緒にゴールした。

いつもそうだったのだ。スタートしてじきに、自転車に乗る。バス停が近づくと自転車を下り、皆の後を追う。帰りも同じだ。普通、私は先頭にいるから、彼に気付かない。彼が汗をかいていない理由も、初めて分かった。

そう言えば、いつもパイン畑に自転車がある。捨てたのではないことは確かだ。錆がないし、毎日、位置が変わっている。しかも、子供用の小さな自転車だ。

「誰が使うのだろう。人家から離れているのに」。そんなに気に留めていた訳ではない。しかし、多少、不思議に思っていた。それが、今日、謎が解けた。毎日、春全が通学に使っているのだ。自転車通学は禁止である。だから、学校の手前に放置しておくのだ。

彼の自転車には特徴がある。不釣り合いな大きい付属品が付いている。例えばバックミラー、警笛、ブレーキライトだ。兄がバス通りでバイクの修理工場をしている。いらなくなった部品を、春全は、自転車に取り付けるのだ。小型のバッテリーも付けている。たまには、旗を立てている。

彼のことは、生徒の皆が知っていた。しかし、誰も不平を言わなかった。私も叱らなかった。皆が了解していれば、それでいいではないか。

数週間前だったが、担任が私に言った。「春全は長欠児だったのですよ。『このままでは三年で卒業出来ない』と、親に言ってきました。三年になってもそうでした」。私は意外だった。毎日授業をしているが、彼は、確か一日しか休んでいない。

「それが、安間さんが来てから毎日出るようになってね、『このまま行けたら、卒業できるだろう』と、先日、本人に伝えました。先生、よろしく願いますよ』。これはうれしい話だ。春全は、私を見つけると必ずついてくる。新しく開いた林道を一緒に歩いたこともあるし、御神崎で、岩陰で雨やどりしながら、貝を焼いて食べたこともある。彼は私を遊び友だちくらいに思っているのかも知れない。それでも良い。生徒も先生も、学校に出ることが一番大事なのだ。

春全は、学校を卒業して、しばらく東京で運転手をした。たまに、不釣り合いに大きな車で私の家に来た。

八重山に戻ってからは、専らダンプカーを運転していた。体は小柄でも、荷物の積み卸しは器械がやってくれる。それは良いが、ペダルに足が届かない。それで、アクセル、ブレーキ、クラッチのすべてのペダルに下駄を履かせていた。ちょうど煉瓦くらいの木片をガムテープでぐるぐる巻きにしてあった。

ダンプカーを降りてから、西表島で観光バスを運転した。昔と違って今は、運転手がガイドを兼ねる。彼の案内は評判が良い。結構、本を読むのだろう。中学時代さぼった分、仕事に就いてから勉強している。港で客を送る際も、すぐには降ろさない。迎えの船が到着するまで車内で待たせ、その間、三線を弾いてサービスする。

再訪する団体客は、バス会社に彼を指名する。ただ、会社としては、毎回その要望に応えられるわけではない。

二〇〇二年、私は母と、母の友人約二〇名と西表島へ行った。コースは私が組み、宿泊とチケットは、東京のツーリストがアレンジした。

ツーリストがバス会社に予約を入れたら、「どういう団体か」と問われた。「安間の一行」と話すと、「それでは教え子に担当させます」と、言ってきたそうだ。

西表島では、二日間、春全のバスに乗った。それは、楽しい旅行だった。彼は、「先生の前で、大変緊張しています」とか言った後、冗談ばかり言い放っていた。

卒業して三〇年も経ったある時、勝廣からも同様のことを言われた。

「三年生の時、一日だけ休んだよ。大雨で沢を渡れなかったさ。それで、今度は浜から歩こうと思ったけど、やっぱりだめだった。くやしかったよ」。彼は片道六キロの道を自転車で通っている。家が遠いから、彼と弟だけは自転車通学が認められている。その日、いつもどおり家を出たが、途中の沢が濁流に変わっていた。どうしても渡れなかったから、一旦家に戻り、浜を伝って行こうと思った。しかし、同じ沢の河口で渡ることが出来なかった。

「僕はね、勉強なんか分からんかったけどよ。今日も、安間先生と遊べると思うと、楽しくて仕方なかったさ」。おやおや、その程度にしか見ていなかったのか。しかし、すでに時効だ。どうせ、皆の頭には授業のことなど残っていないだろうから。

約一ヶ月の練習の結果から、私は駅伝ランナーを決めた。三年生六名、二年生三名、一年生一名である。補欠はいない。いや、補欠を準備したところで、何の戦力にもならない。もし、選手に何か起きたら、当日は棄権するしかない。

日曜日、私は駅伝コースをバイクで走った。全コース一〇区。それぞれの区は、ほぼ二キロの等距離で区切られている。しかし、区によっては大きな坂がある。私は勾配や坂の長さを丹念にチェックした。そして、最終的に走者の順番を決定した。

駅伝当日、午前八時。八重山高校グランドで開会式が行われた。参加一三チームが並んだ。崎枝チームはどうしても見劣りする。小柄な生徒が多いのだ。しかし、それは仕方ないことだ。一年生も含まれているのだ。何も普段の食べ物が悪いわけではない。

「一ヶ月の特訓がある。校長が希望した五位は堅いだろう」。私は、生徒たちが精一杯、それでも伸び伸び走ってくれることを期待した。

開会式が終わった。いよいよだ。私はトップランナーに野里孝吉を準備している。学年では、特別に早い選手ではない。しかし、山道を安定したペースで走る生徒だ。他の要所には、それに相応《ふさわ》しい生徒を当てている。スタートは野里にまかせたい。

ところが、いざスタートとなったら彼がいない。これは困った。補欠選手がないから、誰かを二度走らせるしかない。しかし、体力的に可能だろうか。いや、そんなことより、九名で走ること自体、認められるだろうか。私はバイクで伴走するが、問題が発覚したら、その時までだ。

「しぇんしぇい（先生）」。突然の声に振り向くと、野里がいた。

「昨日よ、飲んでよ、だって正月だろ」。中学生が泡盛。開いた口がふさがらなかった。だが、今は問いつめる時間がない。いいわけも聞きたくない。それより、野里はふらふらの状態だ。これでは走れるわけがない。

「ばかやろう、休んでおけ。よいか、アンカーだぞ。アンカー」。私は野里を怒鳴りつけ、皆と中継点へ移動するよう指示した。

田本義弘を呼んだ。学年一の俊足だ。昨年秋の八重山郡陸上大会にも出ている。私は彼をアンカーに考えていた。だが、急きょ入れ替えだ。

「義弘。おまえ行け」。突然の交代に田本は真っ青になった。足が震えている。実力はあるが、気が小さいのだ。

号砲一発。速い。皆、鉄砲玉みたいに跳びだした。

一キロを過ぎた頃、田本は五番手にいた。私はバイクで、ぴったり彼に付いている。

「きつい。先生。こんなに（マラソンで）、速く、走るの、初めてだ」。苦しい表情だ。さすがこの時は、「ふん」と言う癖が出なかった。しかし、私は、しゃべるだけの余裕があると見てとった。

「いいぞ、その調子」。彼はあえぎながらも、そのまま、たすきをつなげた。

二区は福里清信。彼は自分のペースでそつなく走った。順位は変わらない。五位である。

三区は二年の金城陽介。彼も夏の大会に出場している。彼は得意の短距離走で、前との間をグングン詰めていく。ところが、田本もそうだったが、金城は大会の雰囲気に呑まれている。いつものペースがつかめず、かなりのハイペースで飛ばしている。私には分かる。

やがて、不安が的中した。中継点が間近という時、金城は突然走りをやめ、道の真ん中で棒立ちになってしまった。

「もう、走れない」。そう言って泣き出した。私は何も言わなかった。

「このまま終わるんだな」。私は、遠ざかる四位の選手をボーッと眺めていた。そうするうちにも、一人二人、後続の走者が追いつき、通り過ぎていく。金城が力を出し切ったことは分かっている。良く頑張ったではないか。私は何も助けてやれない。しかし、無念な気持ちに変わりなかった。

その時だ。「ウォーッ」。金城が大声を上げ、突進した。一瞬、彼が発狂したと思った。負けず嫌いの気質がよみがえったのだ。彼は二人を抜き返し、もとの五位で四区に引き継いだ。

四区は一番の勝負どころ。急な上り坂が続く。ここは二年の松川浩二が走る。秋の県大会に八重山代表として出た。つまり八重山一のマラソンランナーだ。なまじ、アドバイスはいらない。私は彼のすぐ後ろを伴走した。見事だ。彼は急坂をものともせず二人を抜いた。崎枝は三位に浮上した。

五区は下地勝廣。毎日、片道六キロの山道を登下校する強者だ。白保中学校を過ぎると、折り返しのポールが見えた。すでに、一〇キロ走った。レースは、いよいよ後半に入る。

折り返した六区は二年の友利寛《ともりひろし》。目立つ存在ではないが、長距離に強い。そつなくたすきをつないだが、二位との差は縮まらない。

七区は仲嶺豊。軽快に走る彼に、私はかなりのプレッシャーを与えた。

「走れ、走れ。次は亨だぞ」。次の走者は仲嶺亨。豊の弟だ。唯一の一年生である。他校の三年生にはかなわないだろう。兄によって、少しでも差をつけておきたいのだ。

豊は私の注文に十分に応えてくれた。次の亨は、後ろの選手にだいぶ差を縮められた。しかし、三位を保持したまま、九区につなぐことが出来た。

九区は自信家の与那覇高司。確かに短距離は速い。秋の大会にも出場している。二位への浮上はかなわなかったが、それでも、彼は四位との差を大きく広げた。もう、私は崎枝チームの三位入賞が見えたと思った。そしてにわかアンカーの野里孝吉にたすきが渡った。

私を見ると、野里はニコッと笑った。

「よし、いいぞ。このまま行け」。うしろが一〇〇メートルもあるのを見て、私も落ち着いていた。ところが、四番手がグングン追い上げてくる。野里はというと、つんのめりそうな格好で、相変わらずヨタヨタと走っている。

「この野郎」。そう言って、蹴っ飛ばしたい。実力なら仕方ない。文句は言うまい。ところが何だ。酒なぞ飲んで。家ではないんだろう。川平へ行ってこっそり飲んで。しかも、他校の女生徒たちと。お前のやっていることは不純異性交遊だ。もう、このままバイクをぶつけ、無理矢理棄権させたかった。そのほうが、プライドに傷がつくまい。

四番走者が、さらに迫って来る。

「おや、彼は」。川平中学の選手ではないか。背が高く、バレーボールにも陸上にも活躍する生徒だ。私もよく知っている。

「これは、まずい。負ける」。彼は軽快なピッチを保っている。差がどんどん縮み、そして、とうとう並んでしまった。

「もうだめだ」。勝敗は明らかである。私は半ば勝負をあきらめ、野里から離れた。

ところが、その時、コースが曲がり角に入った。大通りから直角に右折し、ここからは最後の直線だ。しかも、ゴール目前の上り坂である。

すると、どうだろう。相手選手が急に遅くなった。だが、野里は相変わらずだ。へばりそうで、顔も上げないが、黙々と前進している。

「やった。特訓の成果だ」。崎枝の選手には、平地も坂道も同じなのだ。

再び差が開き、最後は二〇メートルも離して、野里がゴールした。堂々の三位である。だが、野里はそのままぶっ倒れてしまった。

やがて、体を起こした野里が一言、言った。「僕はよ、分かってたさ。川平の彼、坂道走れんよ」。となりの学校だから、よく見ていたと言うのだ。

走り終わった選手たちが集められた。じきに、閉会式があり、解散になった。

休暇明け、校長にうれしい報告が出来るだろう。私は下宿に戻り、一人祝いの泡盛を干した。その夜も野里は飲んだのだろうか。それにしても、えらい生徒を持ったものだ。

コヨリムシという微小な虫を探す

私は大学時代、土壌動物の研究をしていた。土壌に棲むダニやトビムシの研究だ。フィールドは房総半島にある東京大学千葉演習林。数日間滞在して資料を採集し、それを早稲田大学生物学教室へ持ち帰って分析した。来る日も来る日も、顕微鏡を覗く仕事だった。

そんな経験をもとに、崎枝中学での教員時代は、広く八重山の自然を観察し記録する一方、土壌動物に関して詳細な調査を試みた。

フィールドは、通勤の途中にあるバンナ岳を選んだ。毎月一度、オキナワジイの自然林とリュウキュウマツの人工林で資料を採集し、そこに棲む土壌動物の種類、量、季節変化などを調べた。一概に土壌動物と言っても、ムカデやヤスデなど大きなものから、肉眼では見えないセンチュウなど微小な生物もある。私が扱ったのは、メソファウナと呼ばれる〇・二ミリから二ミリの間の動物群である。土壌性ダニや、トビムシなど微小昆虫が主なものだ。

微小生物を直接採集することは不可能だ。調査は、まず一定量の土を採取する。土壌の違いを問題にする時は、落葉層、腐食層など、層毎にサンプリングする。これを下宿に持ち帰り、自家製の抽出装置にかける。抽出装置と言うのは、細かなメッシュの上に資料を置き、上から電灯をあてるもので、光と乾燥を嫌う土壌動物の性質を利用している。ライトを点灯して二日も経つと、資料が完全に乾燥する。それまでに、動物はメッシュをくぐり、アルコールの入った小ビンに滑り落ちる。

この、ビンに集められた小動物を、顕微鏡で見ながら、種類毎に分けていくのである。時間がかかり、根気のいる作業だ。それはともかく、私は、土壌動物の研究に、常に不満を持っていた。なぜなら、生き物の研究というのに、扱うのはすべてアルコール浸けの死体だからだ。

崎枝中学を退職した後、私は大学院に進学。テーマをイリオモテヤマネコの生態研究に変更した。イリオモテヤマネコに専念できたのは、バンナ岳で調査した土壌動物のデータを、修士論文に使用出来たからである。

コヨリムシという体長二ミリに満たない微小な土壌動物がいる。

生物分類学上、生物は大きく動物界、植物界に二分される。「界」は、さらに「門」、「綱《こう》」、「目《もく》」、「科」、「属」、「種」の順に細分される。種は分類学上、最小単位ということだ。

蛛形綱《ちゆけいこう》は、サソリ目、クモ目、ダニ目などを含む広い意味のクモ類だ。現存するものは世界で一一目。コヨリムシはその一つで、学者の多くが蛛形綱中、もっとも原始的な目と主張する興味ある動物群だ。

コヨリムシはサソリを微小にした形で、目は無い。ただ、背中の前側面にある感覚器官が、目の働きをしている。光や乾燥を嫌い、土に埋まった石の下とか、湿った落葉層で生活している。ハサミコムシやコムカデ、ナガコムシ、土壌性昆虫など小動物の卵を食べているらしい。微小でも、歴然とした肉食動物だ。個体数が少ないのも、肉食動物だからと考えられる。

一八八五年、地中海のシシリー島で初めて見つかった。以来、フランス、ドイツ、イタリアなどで比較的良く研究された。それにより、外部、内部とも形態的な特徴は明らかになった。しかし、生態についてはほとんど分かっていない。

広く世界の熱帯から温帯にかけて、採集の記録がある。ところが、記録は非常に少なく、かつ散在している。これまで地中海沿岸、マダガスカル島、中央アメリカ、チリーなどで見つかった

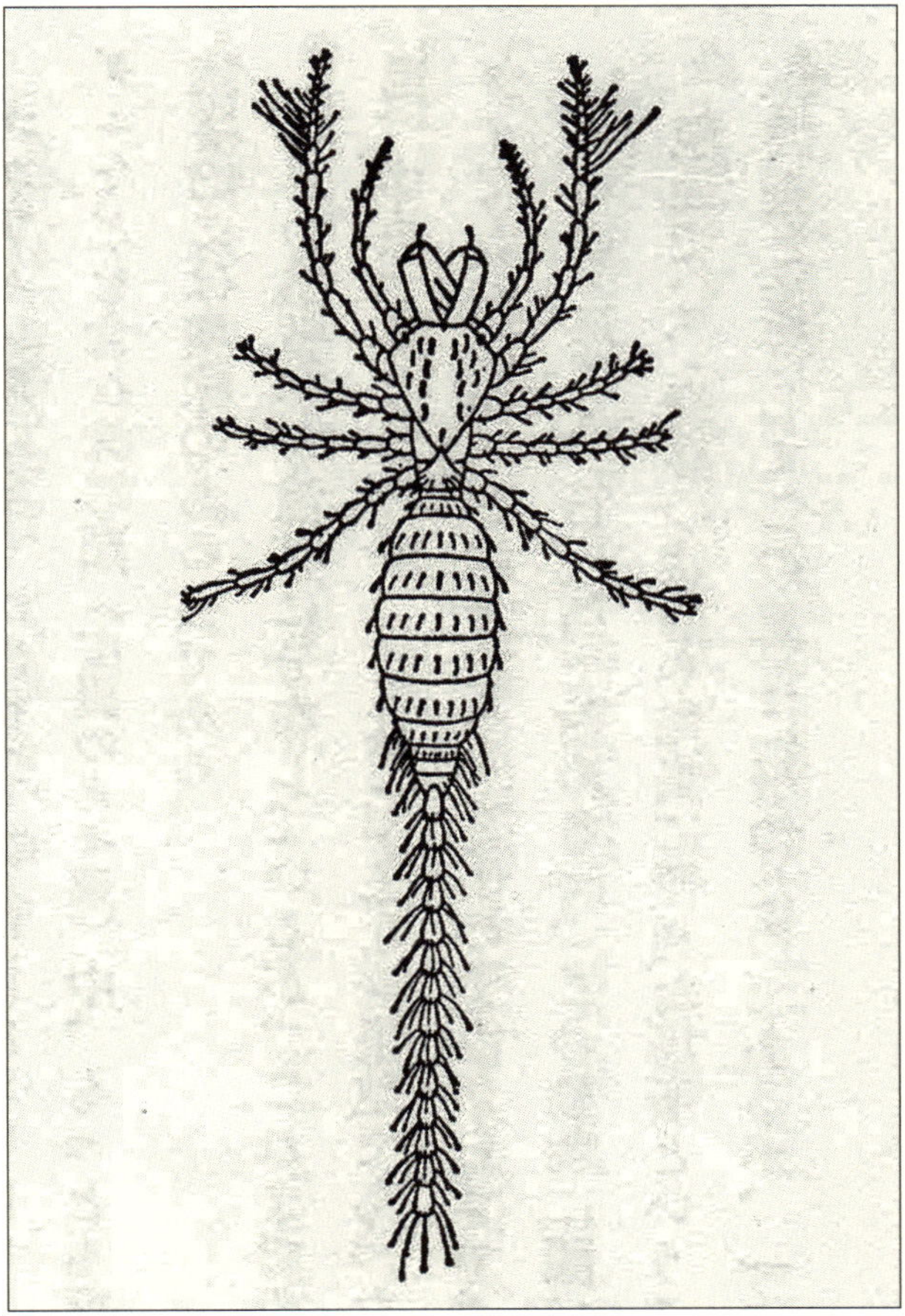

コヨリムシ（Kraepelin より）

だけだ。日本には分布せず、近い所では東南アジアのタイで一四、次はオーストラリアで記録されているに過ぎない。

学生時代、私は色々な動物の本を読んだ。たまたまコヨリムシの文献を目にした時、「きっと、八重山にいる」と、直感した。

コヨリムシは発見例が少なく、日本周辺では見つかっていない。しかし、汎世界的な分布を見ると、日本にもいるかも知れない。少なくとも亜熱帯気候で、森林が残る石垣島と西表島には棲息する可能性がある。私はそう信じ、教員になる時、入手したコヨリムシの文献を抱えて八重山へ渡った。

バンナ岳での毎月一回の調査。常にコヨリムシのことが頭にあった。しかし、夏が来て、秋が過ぎてもそれらしいものは見つからなかった。一回の採取が、僅か二リットルの土。この中に入っていることは奇跡に近いことなのだ。

年が改まり、調査を始めて一〇ヶ月が過ぎた。「やはり、日本にはいないのでは」と思い始めた頃。二月に採取したサンプルからコヨリムシらしい虫が出てきた。もちろん初めてだ。しかし、幾つもの文献から、その姿を脳裏に刻み込んである。そのイメージした形にそっくりなのだ。おそらく、間違いないだろう。さっそく、私は文献を読み直した。確かに、文献の記載と寸分も違わない。間違いなくコヨリムシだ。

私は、「やった」と喜びの声を上げた。「きっといる」と信じ、探し続けた虫が、今、ここにいるのだ。

私は新種を記載するという学問的な発表を経験していない。そこで、当時、国立科学博物館におられた土壌動物の研究者、青木淳一博士に話し、その年仙台で開催された日本動物学会で共同発表した。

石垣島のコヨリムシは、世界のどの種類に相当するか、あるいは新種としたら、どの種類に近いのだろう。コヨリムシの仲間は世界で約四〇種類発見されている。そのうち二〇種類と文献を通して比較した。結果は、いずれの種類とも異なっていた。

残りの種類は、ほとんどマダガスカル島産だ。遠く離れており、同じ種類とは考えにくい。そうであれば、発見したコヨリムシは新種に違いない。しかし、どうしても、文献を入手することが出来なかった。そこで、学会発表では、とりあえず「コヨリムシ属の一種」と報告した。

生物の分類は、下から種・属・科・目とまとめられる。だから、目レベルの記録は、学問的な大発見だ。日本に新しい目が一つ加わったことになる。ただ私は、その後イリオモテヤマネコに専念した。コヨリムシに関しては、学会報告を最後に、研究を続けなかった。

その後、少なくとも二人の土壌動物とクモの研究者がバンナ岳に入った。もちろん、目的はコヨリムシの採集だ。しかし、成果は得られなかったようだ。

また、土壌動物の懇話会で、さる大学教授が、「もっと以前に、種子島で見つけた」と発言し、皆を驚かせた。だが、その後が悪い。「何の虫か分からないので捨てた」と言った。本当にコヨリムシなのか真偽もさることながら、「分からないから捨てた」は、研究者が言うことではないだろう。

コヨリムシとの縁で、一九七二年末の国立科学博物館による琉球列島総合調査に、私は案内人として参加した。

西表島での調査中、青木淳一さんは、何種類か新種のダニを発見した。その一つに、「将来活躍するように」との希望を込めてか、当時大学院生だった私の名前を付けてくれた。

和名（日本名）「ヤスマドビンダニ」は、その後、沖縄県の多くの島でも分布が確認され、沖縄大百科事典にも載る琉球列島の土壌ダニの代表的種となった。


月曜日の朝礼で、校長がコヨリムシに関する新聞記事を紹介した。そして、「安間先生は、学校がない日はいつも山や海へ出掛け、生き物の研究を続けている。その、一つの成果としてコヨリムシの発見があった。君たちも周囲に目を向け、自分が没頭できる何かを見つけて欲しい」というようなことを訓辞した。

校長の話を聞いて、「安間先生は山や海で遊んでいるだけではなかったんだな」と、思う生徒が多くいたようだ。

5　春、再び

川平石崎へお別れ遠足

三月一八日と一九日の両日、三年生の高校入試があった。中学校は授業もすでに終わっていた。この日、私は、女生徒たちの希望であった屋良部岳登山を実行した。一、二年生の全員が参加した。男子は、一度、理科部の活動で登っている。今回は、二度目の挑戦になる。女生徒が中心とあって、同じルートを往復した。私にとって、崎枝勤務は残り二週間足らず。はしゃぐ生徒をよそに、山頂では、しんみりした気持ちになってしまった。

三月二一日。三年生にとって、中学時代最後の日曜日だ。皆で「お別れ遠足」を計画した。これは、学校行事としての遠足ではない。

「さて、どこへ行こう」という段になった時、私は川平石崎を提案した。川平半島の先端で、すぐ近くに平離島《ぴさばなり》という無人島がある。干潮時は歩いて渡ることが出来る。

「行ったことない」。全員がそう言うので、目的地は、文句なし川平石崎に決まった。私は何度か、貝を探しに行ったことがある。普段は訪れる人もいない。静かな、多少とも御神崎に似た、とても素敵な所だ。崎枝からは近くに見えるが、実際は一〇キロメートルある。一旦、石垣島一周道路に出て川平まで歩き、さらに曲がりくねった農道を四キロ歩くのだ。しかし、片道一〇キロというのは、崎枝の生徒には手頃な距離だ。

一、二年生には、声を掛けなかった。ちょうど一ヶ月前の二月二一日、一、二年生だけを連れて、竹富島へ行ってきた。いつも遊ばせていては、保護者に申し訳ない。それでも、川平石崎へは、三年生の他、二年生一名、一年生三名が参加した。

感じることがあるのだろう。三年生男子は、全員、学生帽をかぶってきた。帽子とも、数日後にひかえた卒業式でお別れだ。

功と豊が参加出来なかった。すでに、家の行事が予定に入っており、そちらを優先しなければいけない。二人とも大変残念がっていた。

川平集落を通ると、家々のセンダンの木が満開だった。薄紫色の花がびっしり咲いていて、ほのかな香りが漂ってくる。センダンの花は長持ちしないようだ。石垣を越え、外の通りに、小さな花片がたくさん散らばっている。もともと、石灰岩地帯に生える落葉性の高木で、高さ五メートルから一五メートルくらいになる木だ。八重山では家の庭に良く植える。日差しの強い季節に

遠足からの帰り道。夕陽が長い影を作っている。

は日陰を作り、冬は落葉するので、逆に陽が家屋に当たって暖かい。

センダンは、特にクマゼミが集まる木だ。真夏の一番暑い時間帯、村の中で鳴くセミは、クマゼミしかいない。八重山にはクマゼミとヤエヤマクマゼミの二種類がいる。草原では、イワサキクサゼミが鳴き始めている。今年も、冬の季節風期が終わり、はや、セミの季節の到来か。

今年はデイゴが早い。一ヶ月前、すでに竹富島で咲いていた。

デイゴは、インド原産の高木で沖縄の県花。街路樹や公園樹として利用され、学校などにはたいてい植栽されている。葉に先がけて開く深紅の花は、枝振りと共に南国の青空に、良くマッチする。

アリアケカズラ。アメリカ原産の半ツル性の花木。花は黄色みの強いダイダイ色で一年中咲いている。生垣に利用される。

キダチチョウセンアサガオ。ブラジル原産の低木で三メートルの高さに成長する。一見テッポウユリに似た白い花が、口を下に開いて、たくさん吊り下がる。英名で、トランペットツリーと言う。

ベンガルヤハズカズラ。インド原産の大型のつる性花木。花は大きく澄んだ青紫色をしており、房状に連なって咲く。花は一年中見ることが出来る。

カエンボク。アフリカ原産の高木で四メートルから五メートルになる。成長が早く、五年から六年で花を咲かせる。春から初夏にかけてが、花の最盛期。

裏庭でウイキョウを栽培している家がある。セリ科植物で、花は黄色で細かい。花の最盛期は

デイゴ

夏だ。しかし、確かに、今、咲いている。低い石垣越しに見えている。

ウイキョウは、地中海沿岸原産の植物で、高さ一・五メートルくらい。全草にカメムシのような独特の強い香りがあり、においの強い魚や肉を煮るとき一緒に利用する。八重山ではニーズンキョウと呼んでいる。

ブッソウゲ、インドソケイ、リュウキュウバショウ、イカダカズラ（ブーゲンビレア）、モクセンナ、キワタノキ。どこを見ても花、花、花。

「ウーン」。私はうなってしまった。川平は村全体が植物園みたいだ。

村を出ると、しばらく墓地が続く。川平は古い村だから、伝統的な亀甲墓や家型の巨大な墓が並んでいる。

墓地を過ぎてしばらく行くと、道は南の海岸に沿って伸びていた。道の右側は牧場になっている。五メートルくらいの間隔で杭が立ち、鉄条網を張ってある。ところが、管理が行き届かないのか、あちらこちらで切断されたり、杭が倒されたりしている。これでは、柵として機能していないのではないか。もっとも、遠くまで眺めてみたが、ウシの姿はなかった。

崎枝湾を隔てて、屋良部半島が見えている。なかなか絵になっている。ところが、いつもは向こう側から、今、自分たちがいる半島を眺めている。なんだか、おかしな気分だ。

原野を抜ける道も、八重山の春で、様々な花が満開だ。

アフリカタヌキマメは、直立した茎に、黄色い花をたくさん付けている。風がふくと、僅かにそよぐ。もともと東アフリカ原産の多年生草本で、道沿いや原野では普通に見られる植物だ。花は一年中咲いているが、今が一番多い。

トウワタも、原野で見られる花だ。南アメリカ原産の多年性草本で、一メートルくらいの高さになる。もとは観賞用だが、今は庭先では、あまり見ない。カバマダラという茶褐色のチョウが飛来していた。

ランタナも、トウワタと同じように栽培の目的で持ち込まれた外来植物だ。それが野生化し、定着した。集落周辺や原野の至る所で野生化している。

ダンドクは、カンナの原種と言われる植物だ。葉もカンナそっくりだが、花は広がらず、簡素なつくりだ。花は赤と黄があり、春から秋にかけて咲く。南アメリカ原産だが、八重山では、デンプンを採るために栽培された。今は、集落周辺や耕作地近くで野生化している。

ルリハコベは、耕作地周辺や空地に普通に見られる雑草だが、鮮やかなルリ色の花をたくさんつけている。

リュウキュウバライチゴ、ヤエヤマノイバラも咲いている、これらは在来の植物だ。陽当たりの良い原野や、牧場で見られる。トゲがあって、ウシも食べないみたいだ。しかし、ヤエヤマノイバラは、花の直径が七センチもある。おしべとめしべは黄色。花びらは純白で、カメラを向けたくなるような、目立つ花だ。

石崎に着いた。ナツ子が持参した大きな縦長のヤカンで湯を沸かす。水は一〇リットル缶に入れ、川平から清信が担いで来た。大ナベもある。勝廣と孝吉がいるから、じきに魚や貝を調達出来るだろう。

石崎には大きな岩がたくさんあり、岩と岩の間の水路には、ブルーや黄色、色とりどりの魚が泳いでいる。平離島が大きすぎて、ここからは外海は見えない。振り返ると、石丘《いしむる》という名の小山がそびえている。急な斜面は背の低いチガヤ。その中にソテツの大きな株がたくさん自生している。裾には、アダンが繁茂しており、まるで石丘をガードしているみたいだ。アダンは鋭いトゲがあるから、立ち入ることができない。

「さあ、一休みだ」。皆、それぞれに、座りやすい場所を確保した。

「先生、本当にやめてしまうの?」。幸子が聞いてきた。

「うん。今月いっぱいだよ」。

「また、大学に入るわけ?」。末子が聞く。

「大学院だね。もう大学は出ているから。でも、試験があるから、どうなるか分からないな」。

確かにその通りだ。新しい生活、改めて始める受験勉強、肝心な受験先も探さなければならない。先のことは、まったく、分かっていない。

「でも、きっと、また来るよ。八重山が好きだから」。

「また、先生になるの?」。今度はナツ子からの質問だ。

「もう、先生にはならないだろうな。先生でいたいのなら、このまま残れば良いわけでしょ」。

私は、そう答えた。

「先生はいいな。したいことが決まっているからさ」。清信が言った。

ヤエヤマノイバラ

「いや、皆のほうが、若いだけ得だよ。これから、何でも出来るじゃないか。それはそうと、もう、卒業だね。みんなは、将来何になりたいのかな」。私は、話題を変えた。

「清信は、何を考えている？」。

「僕ね、あちこち旅行してみたいさ。まずは、日本本土。いつか外国にも行きたいさ。いろんなものを見てまわりたいんでね」。

「それは、いいな。僕もね、中学校の終わり頃から大学まで、日本中を旅行したよ。大学二年の秋、初めて、北海道へ行った。覚えている？　東京オリンピックがあってね、大学が臨時休校になった。その休暇を利用したんだよ。北海道は広いし、大自然が残っていて、素晴らしい所だ。それで、次の年も北海道へ行こうと、アルバイトをした。ところが、翌年、一九六五年の春、西表島でイリオモテヤマネコが発見された。『えっ、こんな島が、まだ日本にあったのか』。ニュースを見て驚いたよ。それでね、貯めた金で西表島へ来た。それから、八重山通いさ。北海道？もうやめた。浮気っぽい性格なんだな」。そう言うと、皆がドッと笑った。「浮気っぽい」という一言が受けたようだ。

「富雄、お前はどうだ？」。今度は富雄に聞いた。

「僕は、八重山で暮らしたいから、機械技術を身につけて、車とか、いろんな機械の修理工場などやってみたいさ」。

「先生。富雄は、静かにコツコツやる人だからよ、いいかも知れないさ。体はでかいけど、結構、器用であるしね」。初美が、応援の一言をはさんだ。

アダン

「全ちゃん。何になりたいか」。幸子が聞いた。全ちゃんとは春全の愛称だ。

「俺はよ、理髪師だな。生意気な客が来たら、頭をツルツルにしたりして」。

「お前のよ、店に客が来るか。気が向いた時しか開けんから。ふん」。義弘が、からかう。

「いや、結構、はやるはずよ。全ちゃんはね、人を笑わせるのが上手だから」。ナツ子が春全をかばった。

「それじゃあ、義弘、お前は」。私が尋ねた。

「僕は警察官さ。みんなのためによ、尽くしたいと思っているさ。ふん」。

「何が警官か。義弘はよ、シカバーだから、なれんよ」。春全が、さっそく、からかわれた借りを返す。「シカバー」とは方言で、「臆病者」のことだ。

「何、言うか。拳銃、撃ちまくるさ」。義弘が、笑いながら応える。

「危ないなあ。警官にならんで、親父を手伝ったらいいさ」。富雄が言った。富雄は実直な考えをしている。義弘の父は工務店の経営者だ。

「私はね、美容師なんか、素敵な仕事だと思うさ。素敵な髪型を発明して、流行させてみたいんよ。たくさんの女性に喜んでもらう、そんな仕事をしたいさ」。ナツ子らしい夢だ。

「私もナツ子と同じだけどよ、美容師になりたいさ。世の中の女性を、美しくしたいさ」。初美である。

「その意味は、世の中、ブスが多すぎるということか？　ねえ、初美」。

「いやあ。先生ったら、口が悪いさ」。そう言って、初美が笑う。

「私も、似ているかも知れんけどよ。洋服のデザイナーになりたいさ。同性として、一緒に美しくなるって、いい夢でしょ。でも、最初に自分のウェディングドレスを作るんだ」。言うことが、幸子らしい。

「編集や出版の仕事にも興味あるけどね」。幸子が付け足した。

「高校を卒業したら、大阪か東京へ出るのも良いと思うよ。色々な職業があるから、自分で選ぶことも出来るし」。私は、そう伝えた。

「残る一人は、末子だな」。

「私は、琴とか三味線を習いたいさ。沖縄じゃなくて、内地の三味線なんかね。それを趣味にして、日本の昔の音楽なんか、たくさん知りたいさ」。末子が話す。

「いいねえ。末子、覚えているか？　僕が『大利根月夜』を歌っていたのを」。

「何？　先生、それ」。幸子が聞いてきた。

「僕が、運動場の隅で、歌を歌っていた時にね、末子が聞いていて、『先生、節回しが違うよ』って、直されたことがあった。古い歌、知っているなって、感心したよ」。

「うち、あんなの好きさ。家でもテープでいろんな歌、聞いているよ」。末子が言った。

そうこうしているうち、勝廣と孝吉が戻った。高司も一緒だ。袋の中は、貝でいっぱいだ。

「今ね、将来、何になりたいかっていう話をしているさ。お前らも話すべきさ」清信が、三人をうながした。

「僕はさ、生まれてからずっと海だったからよ。宇宙飛行士になって、宇宙でも飛んでみたいさ。

出来るはずないけどよ」。初めに応えたのは勝廣だ。

「そんなこと、言ったらだめさ。高校生になってからも気持ちが変わらんかったら、それに向かって努力すれば良いし、違ったことをしたいと思うようになるかもしれんよ」。そうだ。幸子の言う通りだ。

「幸子、お前、良いこと言うな」。清信が、感心したように言った。

「そうよね。『中学の時の夢は宇宙飛行士だった』。それでいいわけよ」。末子が、補足する。

「孝吉、お前は何がしたい?」。今度は末子が聞いた。

「そうだな。高校を出たらよ、とりあえず、自動車運転手になって、たっぷりかせいでやるさ」。

「そうか。それじゃあ、一八才になったら、すぐに運転免許を取ることだな。でも、稼いだ金を何に使いたいんだ?」。私が聞くと、

「分からんよ。船を持ってよ、台湾と貿易でもするさ」。

「上の兄貴も海員学校へ行ったし、孝吉も海の仕事が良いはずよ」。弟の秀男が言った。遠足に参加した唯一の一年生男子だ。

「漁師はどうだ。何を捕らせても、孝吉は上手だし」。私が言うと、「先生。漁師はきっついぞ。体がもたん」と、孝吉が言葉を返す。

「当たり前じゃないか。楽して儲かる仕事があるなら、教えてくれ」。私が、そう言うと、孝吉が笑った。

「高司はどうだ?」。

「僕は、もう就職を決めてあるさ。神奈川県のコンピューターを作る工場でよ、働く。夜、定時制高校へ通うつもり。先生、定時制は四年かかるって、本当か？　でも、いいさ、仕事しながら勉強も出来るんだからよ。その後は、電気関係の技術者になりたいさ」。

「工場は川崎にあるって言うじゃない。東京のすぐとなりでしょ。だったら、卒業して最初に先生と会うのは高司かな」。富雄が言った。

「そうだと思う。先生、本土へ帰ったらどこに住むの」。高司が、私に尋ねた。

「とりあえず、東京だと思う。決まったら連絡するさ」。私は、そう答えた。

「高司はいいな。安間先生とじきに会えるなんて」。清信が言った。

「豊は、機械技師か機械関係の指導者になりたいってさ。でも、商業高校へ通うから、無理かとも話しておった」。家が近い富雄の話だ。

「ようよう、功はよ、大きな会社に勤めたいって。稼いだ金でよ、自家用車買って、自分で運転したいって、言っておったさ。ふん」。いつ、聞いたのか、義弘が言った。

「功か。夢がちっちゃいなあ。僕なんかよ。小学校からバイク乗ってるぞ。車だって出来るさ」。孝吉だ。

「馬鹿者。それと、これとは違うわ」。皆で笑った。

「僕は、おやじが苦労したの見ているからよ、大学を出たら会社勤めして親孝行するさ」。唯一、二年生で参加した金城陽介《きんじょうようすけ》だ。

「おい、こら、一年生。君たちも何か発言しなさい。ふん」。義弘が、警官になったような口調で言う。

「先のことなんか、分からんよ。それより、今の六年生は六名しかおらんさ。しかも男子だけ。淋しくなるさ」。一年生の女子は、嵩原《たけはら》ルリ子と金城ますみが遠足に参加していた。

「さあ、一言、まとめをしよう」。私は一息入れてから、皆の前で話した。

「皆、若いから何でも出来るよ。夢があったら、努力することだ。気持ちが変わったら、それはそれで良い。大事なことは、自分に正直に生きること。いつでも、努力をおしまないことだね。皆は、いいさ。高校は違っても、毎日、顔を会わせるしね。今まで通り仲良くやっていけば良いさ。高校は、全八重山から生徒が集まるんだよ。新しい友だちが出来るかも知れないね。勉強もスポーツも、負けないように頑張ることさ。僕は、あまり心配していないよ。みんなには崎枝の血が流れている。開拓魂がある」。私は、そう言った後、「大人になって、こんな風に再会出来る日が来るといいね」と、締めくくった。

「でも、面白かったよな。まだ、中学校にいたいさ」。春全が言った。

「全ちゃん。残ったら良いさ。誰も文句言わんよ」。今度は清信がからかった。

「おお、やだやだ。安間先生と遊ぶなら良いけど、勉強は好かんさ」。皆がドッと笑う。

春全の一言が、神妙になっていた雰囲気を一掃してくれた。

川平石崎では、皆、思い思いに遊び、語らい、くつろいだ。

午後二時をまわると、ようやく潮が満ち始め、露出していた岩盤も、ゆるい波で洗われだした。

私たちは、帰り支度を始めることにする。

一九七一年。退職するまでの三ヶ月間は、結構多忙だった。

正月二日の男子駅伝大会に始まり、三学期の始業式、西部地区教育集会、理科教員研修会、校内マラソン大会、映画鑑賞会、学芸会、新人バレーボール大会、全琉球視聴覚授業研究大会、卒業式。学校関係だけで、これだけの行事があった。特に、視聴覚授業研究大会は、何回も町の学校で打ち合わせや準備会があった。

それ以外は、自分で勝手に多忙にしたのだが、海や洞穴へ一一回、屋良部岳登山二回、バンナ岳での土壌動物調査四回、遠足三回、十六日祭（後述）などがあった。卒業アルバムも、追い込みで忙しかった。また、学芸会や卒業式の写真も、行事が終わるとすぐに現像した。写真のために、学校で徹夜する日も多かった。

全琉球視聴覚授業研究大会は、「効果的な授業をするためには、視聴覚器材をどのように利用したら良いか」をテーマとする教員の大会で、沖縄県全域から多くの参加者が石垣島に集まった。大会は、数日に渡って開催された。

大会に先立つ一ヶ月前、私は校長から呼び出しをうけた。

「教育庁から、安間先生が理科の公開授業をするよう、依頼が来ている」。

「えっ、補充教員に公開授業をさせるのですか」。

「いいじゃないか。しかも、理科では君一人だよ。実力を見せる良い機会じゃないか」。そう言われると、断るわけにいかない。

いう。

「分かりました。頑張ります。それにしても、準備期間が短いですね」。予定は二月二七日だという。

「校長先生。何年生を使いましょうかね」。

「君の自由だよ。テーマも君自身で考えてみてくれないか」。そう言われると、気楽なようで、結構、やっかいだ。

私は、まず何年生の授業を見せたら良いか考えた。三年生は適正ではない。高校入試があるし、一ヶ月後は卒業だ。二年生は九名。いくらなんでも少なすぎる。一年生は一五名。少ないことに変わりないが、崎枝中学校では、生徒数が一番多い学年だ。まず、一年生を使うことに決める。

次は、テーマだ。ちょうど、三学期の理科に、「自然環境と生き物」という章がある。その発展授業として、「八重山の自然と生き物」というテーマでやってみたらどうだろう。独自の内容だから、他所の学校や、模範授業のマニュアルと比較されることがない。これが一番良い。

さっそく準備にかかった。まず、要点を箇条書きにし、話す順番に並べた。それに肉付けする。時間は四五分と決められている。そのことも考慮する必要がある。

私は、日本列島における八重山諸島の位置、気候や地史的な特徴。どんな生き物が棲んでいるか。なぜ、固有種が多いのか。三〇分の原稿にまとめた。残りの時間は、スライドを使おう。マングローブや照葉樹林の植物、鳥や昆虫の写真がたくさんある。選ぶのに苦労するくらいだ。気候と関係ないが、全天写真も一枚入れた。これは、なかなか良い出来だ。学校の屋上に三脚を立て、一時間、シャッター開放にして撮影した星空だ。

公開授業のことは、生徒には知らせていない。リハーサルもやらなかった。この一ヶ月の間、研究大会に向けて、準備会が三回開かれた。日程、会場、担当役員、役割分担などが話し合われた。会合は、教育庁で行われたが、教育庁からも、崎枝中学への視察があった。会場の準備である。

大会が間近にせまったある日、校長を通して実行委員会から連絡が入った。

「崎枝までのバスが確保出来ない。仮に乗用車に分乗するにしても、時間的に次のスケジュールに間に合わない」。会場を町の学校にしてくれという要望だ。

私は、一向に構わない。即、承知した。ただ、このことがあって、公開授業のことを、生徒に知らせることにした。普段通り、学生服で登校してくれれば問題ないが、その日、体操服で来られると、やはり、困るのだ。

「石垣二中で、授業をやるぞ」。そう告げたが、生徒からは、特別な反応がない。私一人が、町の学校で授業をすると受け取ったようだ。

「皆で行くんだぞ。崎枝の授業を、町でやるんだ。いいか、貸し切りバスで送り迎えだぞ」。そう言うと、ウォーッと歓声があがった。

「何で」、「こんなの初めてだ」。驚く生徒に、私は公開授業について、一通り順序立てて説明した。

「やっぱり、安間先生だ」。生徒は、ようやく理解したようで、改めて喜んでいた。そこまでは良い。この後が、いつも通りだ。まったく始末が悪い。生徒にとって、私と町へ出ることは、すなわち遊びだ。出るたびに、映画へ行ったり、ソバをご馳走する。一週間前も、町を経由して竹富島へ遠足したばかりだ。

「まあ、良いか。気分よく出掛けられれば、それが一番だ」。

当日。生徒の二倍もの数の教員が集まった。しかし、崎枝の生徒は物おじもせず、私が知らなかったような、てきぱきした行動をとる。実に晴れがましく見える。私はうれしかった。

「質問があったら、いつでもしなさい」。私は普段通りに授業を進めた。

八割がた進行した時、一人が手を挙げた。

「先生。名前に『ヤエヤマ』とか『リュウキュウ』や、『オキナワ』と付いている生き物が多いのはなぜですか」。

「うん、良い質問だ」。今日のまとめに通じる部分だ。よくぞ聞いてくれた。

「それは、固有種が多いということ。ここだけにしかいない動植物が多いということだね」。そう言って、私は八重山諸島の気候や地史的な特徴をまとめ、その結果、固有の生物相が出来上がった話をした。そして、このユニークな八重山の自然を守っていくには、私たちに何が出来るのか、これから考えていこうと、締めくくった。

四五分は、またたくうちに過ぎた。授業終了後、教室から生徒を出し、参加者の質疑応答があった。

「カメラは何を使っているか」、「全天写真の撮り方は」など、難しい質問は一つも出なかった。

「やっと、終わったか」。帰り道。大仕事が終わったという安堵の気持ちより、「学校行事は、残すところ卒業式だけ」と、何とも言えぬ淋しい気持ちになった。

土壌動物の調査は、土壌を採取して虫を抽出後、顕微鏡を覗く作業が一〇日ほど必要だ。ほとんど徹夜になる。前に書いたように、二月二五日に採取したサンプルを分析中、コヨリムシを発見した。三月九日だった。残す日数が僅かというのに、文献に目を通したり、予定外の仕事が出来てしまった。

遠足のうち一回は、白保中学生を案内して竹富島へ行った。断れない教員仲間の付き合いもあるのだ。

十六日祭は、祖先を奉るお祭りだ。私は直接関係ないのだが、大家さんの墓掃除などをした。墓といっても、沖縄の墓は、ちょっとした家くらいの大きさがある。草むしりだけで一仕事だ。前の日曜日に、清信と高司が応援に来てくれて、本当に助かった。

本土からの不意の客もあった。大学時代、アルバイトをした際の知り合いだ。「卒業したら、きっと、石垣島にいるから」と、話しておいたら、本当に遊びに来てくれた。宿泊したユースホステルで尋ねたら、すぐ、分かったそうだ。たまたま、以前、私が良く利用していた宿だった。

当時のダイアリーを見ると、そこかしこに「疲労気味」だとか、「寝不足」と書いてある。確かに多忙だった。しかし、当時、私は二六才。体力的に絶頂期の年齢だ。たくさんの仕事も、若かったから、こなすことが出来たのだろう。

生徒との別れ

卒業アルバムも完成に近づいた頃。私は、何かとても淋しい気持になっていた。「生徒たちは学校を去って行くのに、私はこのまま残らねばならないのだろうか」。卒業生を上の学校へ、あるいは世に送り出し、再び新しい生徒をむかえるのは、本来、教師の喜びであるはずだ。けれども、私は、自分だけ取り残されてしまうような気持ちになった。これは、最初の年、どの教員も持つ感情かも知れない。しかし、私には、それが耐えられそうにない。私はどうもプロの教師になれる人間ではないようだ。

これとは別に、「早いうちに教員をやめよう」という気持ちが、私の中に芽生えていた。八重山へ来るとき、そんな気持ちはなかった。「教員をして生活を確保しつつ、生き物の研究をする」。そういう人はたくさんいるではないか。私も、そのように生きようと考えていた。

しかし、夏休み頃から、もっと研究に専念出来る時間が欲しいと思うようになった。同時に、動物を研究して行くためには、もっと専門の知識が必要だと感じ始めていた。少なくとも、八重山にこもっていては、文献の収集さえ不可能なことを、身をもって感じた。

一〇月。私は一二日から二四日まで休暇を取り、上京した。目的は、かつて在籍した研究室を

卒業式の日。学舎の前に全員が集合した。

訪ね、今後の身の振り方について、相談にのってもらうことだった。退職して東京に戻った場合、研究生として在籍が可能かどうか。その時の授業料は。また、私の研究が出来そうな大学院はどこかなどである。

上京する前日、秋の運動会があった。夜は町で、職員だけの夕食会があった。その後、私は校長に呼ばれ、二人だけで二次会へ行った。

「もう一年続けてくれないか」。開口一番、校長から言われた。

「明日、何で上京するのかは、一応聞いている。今日は、君のはっきりした気持ちを聞きたいし、私の希望も伝えたい」。校長の話では、崎枝中学も、ようやく環境が整い、これから、理科教育のモデル校として発展させたいと言うのだ。

私は、赴任早々、理科室を整備した。校庭に百葉箱を設置し、簡単な気象観測をスタートさせた。何年も倉庫に眠っていた理科教材を洗い出し、カメラ、写真現像器材、天体望遠鏡などをクラブ活動に活用した。さらに、校庭にあるすべての木に種名の入ったプレートを付けるなど、自分に出来ることを一つずつこなしてきた。そういった日々の活動を、校長は評価してくれた。

「君の場合、管理職に昇るのも早いだろうし、せっかくの職を捨てることもないだろう」。校長ではないが、同じ頃、そう言ってくれる人もあった。

自分が、教職に向いていないとは思わないし、生徒たちと共に過ごす時間も大好きだ。しかし、もっともっと専門の勉強がしたかった。なによりも研究に専念できる時間が欲しかった。

将来への不安は数知れない。しかし、崎枝中学校に未練はない。抱いている夢のほうが、はる

新しい門出。下級生に送られて学校をあとに。

かに大きい。来年の三月、年度末を機に退職し、上京して大学院へ進もう。私の気持ちは、すでに決まっていた。

私は、改めて、自分の決意を校長に伝えた。

「分かった。これ以上は引き留めない」。校長は、一旦、話を切った。しかし、また、すぐに話し出した。

「僕はね、四〇年近く、教員をしてきた。はっきり言って、君ほど生徒に信頼され慕われている教員を、これまで見たことがない。これからは、自分の生き様の中で、生徒の手本になって欲しい」。

「早く博士号が取れるといいね。生徒も誇りに思うはずだよ」とも、言ってくれた。

校長の言葉はありがたかった。その夜、私は朝方近くまで、校長と飲んだ。

三月二四日。卒業式があった。鼓笛隊による校歌演奏と、在校生が拍手で送る中、一三名が校庭を後にした。男子は学生服、女子はセーラー服。胸にリボン、全員脱帽し、手には卒業証書の入った筒がしっかりと握られている。

孝吉、清信、高司、富雄、勝廣、春全、豊、功、義弘、ナツ子、幸子、初美、末子の順。教師一人ひとりと握手を交わし、やがて、校門を出て行った。私は、握手が出来なかった。私は校門の脇に立ち、今、まさに、羽ばたかんとする若者たちを写真に納めていた。

青い空、青い海。校庭ではデイゴ、シャリンバイが満開。裏山ではテッポウユリとツツジが咲いている。柔らかい日差しの中で、崎枝の大地が、一三名の門出を精一杯祝福しているようであった。

あとがき

崎枝中学校を退職後の一九七一年四月、私は上京した。

東京では、早稲田大学生物学教室に研究生として籍を置き、秋の受験への足場を確保した。授業料は支払い免除になった。研究室の手伝いをするという名目で、教授が特別な計らいをしてくれた。「受験勉強に専念しろ」と励まされた。

生活費も稼がねばならない。幸いにも慶応義塾高校で非常勤講師の募集があり、私は五月から週三日、生物学を教えることになった。慶応義塾高校では、その後、三年間世話になった。

不安はなかった。しかし、相当の覚悟はしていた。受験に失敗したら二度と学問する機会はないだろう。時間的には一生で一番勉強した数ヶ月間であった。

私は二つの大学院受験を考えていた。ところが、試験日が重なってしまった。色々な可能性を考えて私は的を一つに絞ったが、そのことでかえって受験勉強がやりやすくなった。

試験は九月二七、二八両日が筆記試験、三日後の一〇月一日が面接試験と決まった。しかし、受験が目前になると、どうしても落ち着くことができない。そこで、私は親しくしている従兄を訪ねた。明後日が試験だと告げると、「お前が受かるはずがない」と言うのだ。私は試験のことは、ほとんどあきらめ、その夜、二人でウィスキー一本半を空にした。

どうせだめだとたたき込まれたせいか、試験当日、私は妙に落ち着いていた。そのお陰だったのか試験は順調だった。面接では、琉球列島に関心があることを繰り返し述べ、特に西表島で研究を続けたいと強調した。そんな学生はいない時代だったから、居並ぶ試験官に私の存在は新鮮に映ったようだった。そして、一週間後には合格通知が届いた。

こうして、私は東京大学大学院研究科に入学し、本格的に動物学を学ぶ一方、自分の研究をスタートさせることになる。正式に在籍するのは翌一九七二年四月からである。沖縄が二七年間の米国統治から離れ、新生沖縄県がスタートする年であった。

大学院では、イリオモテヤマネコの生態を研究対象にした。西表島の山中にこもり、毎晩、野生のイリオモテヤマネコを観察した。それまで、誰も試みたことのない未知の研究だった。調査や資料の分析は困難をともない、順調にいけば五年で卒業できる大学院を、私は七年かかった。

一九七九年三月。「イリオモテヤマネコの食性と採食行動」の研究で、東京大学より博士号を授与された。

その年の夏、八重山を訪ねたとき、崎枝中学元校長・伊良皆高成《いらみなこうせい》先生、環境省西表島国立公園事務所長・百武充《ひゃくたけたかし》さん、八重山博物館学芸員・石垣博孝《いしがきひろたか》さんたちが発起人となり、私の博士号授与記念講演会を開催してくれた。新聞で参加を呼びかけ、多くの人が聴きにきてくれた。

講演に続く祝賀会は、かつての教え子全員が招待され、舞台の上で、私と一緒に崎枝の校歌を合唱した。

「早かったじゃないか」。伊良皆校長は、そう言って、祝福してくれた。

私が崎枝中学を退職した年、八重山では長い旱魃の後、未曾有の台風が襲来した。崎枝は、多くの家が多大な被害を被った。これを機に、崎枝の過疎化が一気に始まった。翌年は、沖縄の日本復帰。私が勤務した一年間は、崎枝が大きく変わる前兆期だった。

そんな大事な時に崎枝に関わりながら、私がただ一つ後悔していることがある。在職中に撮影したすべてのモノクロネガフィルムを学校に残してきたことである。崎枝と学校に関する内容だから、私はそれが一番良いと考えた。ところが、私が去り、私の教え子たちが卒業した後は、フィルムの意義を理解して保存する人はいない。あのフィルムが残っていれば、もっと詳しく、もっと深く崎枝を記録することが出来たに違いない。

今回、使用した写真は、すべて卒業アルバムやスライドから複製したものだ。しかし、本著を著すことで、そんな後悔の念とも決別できそうな気がする。

たった一年間の教員生活。後にも先にも、三七名だけの私の生徒。満ち足りた青春の一ページ。私は崎枝での一年間と生徒たちを、一生忘れることはないだろう。

さて、崎枝での生活は限られた期間でしたから、すべての皆様と知り合いになれたわけではありません。それでも、生徒だけでなく、多くの人たちとの出会いがあり、お付き合いがありました。

本書に登場してもらったのは、その一部にすぎません。ここで、私が崎枝で出会ったすべての皆様に感謝します。なかでも、崎枝小中学校校長故伊良皆高成先生、崎枝部落会長金城誠禄氏、崎枝小中学校ＰＴＡ会長下地恵厚氏、ならびに那覇市在住の畏友、土屋實幸氏に深くお礼申し上げます。

崎枝の一年間を本にする。これは、生徒とのずっと前からの約束でした。私のこんな本を書きたいという希望を受け入れて、出版に関してご尽力くださった晶文社の皆様方に感謝いたします。ありがとうございました。

二〇〇七年一月

安間繁樹

著者について

安間繁樹（やすま・しげき）
一九四四年、中国内蒙古に生まれる。早稲田大学法学部および教育学部理学科卒業。七九年、東京大学大学院農学系研究科博士課程修了。農学博士（哺乳動物生態学専攻）。若い頃から琉球列島に関心を持ち、特にイリオモテヤマネコの研究で成果をあげた。八五年以来、ボルネオ島の調査、および国際協力機構（JICA）海外派遣専門家として研究指導に携わっている。

著書
『アニマル・ウォッチング』（晶文社）
『西表島自然誌』（晶文社）
『ボルネオ島最奥地をゆく』（晶文社）
『熱帯雨林の動物たち』（築地書館）
『カリマンタンの動物たち』（日経サイエンス社）
『琉球列島―生物の多様性と列島のおいたち』（東海大学出版会）
『ボルネオ島アニマルウォッチングガイド』（文一総合出版）
『ヤスマくん、立ってなさい！』（講談社）
『キナバル山』（東海大学出版会）
ほか多数

石垣島《いしがきじま》自然誌《しぜんし》

二〇〇七年二月一〇日初版
著者　安間繁樹
発行者　株式会社晶文社
東京都千代田区外神田二-一-一二
電話（〇三）三二五五局四五〇一（代表）・四五〇三（編集）
URL http://www.shobunsha.co.jp
中央精版印刷・美行製本

ISBN978-4-7949-6706-0 Printed in Japan